绿色农业植保技术

关成宏 主编

中国农业出版社

主　编： 关成宏

副主编： 张力军　董爱书　郑　雯

参加编写人员： 辛明远　于军华　张忠敏　高　虹
李海燕　杜金岭　杨　燕　刘永康
林清河　李淑琴　沈国生　杨　芳
杨振东　李　鹏　夏艳涛　李永波
贲继昌　由洪江　刘江滨　武守君
黄　鹏　刘运华　孙丽欣　姜丽君
宋丽芬　董元香　黄　晶　任淑娟
马　军　王　钢　马玉玲　邵晚梅
张　铎　王晓燕　王　醒

审　稿： 王险峰

序

农业生物灾害的科学有效防控是确保农业产业、农业生态环境和农产品质量安全，稳定提升粮食综合产能，促进垦区现代化大农业建设的重要支撑和保障。多年来，垦区以农药联网试验为基础，以农药筛选和药械更新为重点，以田间标准化施药技术为保障，狠抓技术创新和推广应用。1978年率先从国外引进化学除草剂，开创了我国化学除草剂大面积应用的先河。经过多年的探索和实践，1988年“黑龙江垦区旱田化学除草配套应用技术的研究”荣获农业部科技进步一等奖，1990年获国家科技进步二等奖。近年来，围绕生产急需的有害生物数字化预警技术、重大病虫抗药性监测治理技术、农业有害生物生态控制技术、重大病虫应急防治技术、环保型生物农药应用技术和外来危险性有害生物检疫防疫技术等开展科技攻关，同时，对主要农作物重大病虫害的发生规律、预测预报和防治配套技术进行研究；组织技术力量，以水稻、大豆、玉米、麦类、马铃薯等农作物主要病虫害防控为核心，实施有效的监测、技术指导和控制；研究配套和推广应用了以农作物健身防病促熟增产提质、水田分期施药、旱田化学除草、种衣剂应用、航化作业、药害诊断与解救、除草剂喷雾助剂应用、大面积更新和引进进口喷体和喷头，推广农药喷洒技术等植保新技术20余项。新农药、新机械和新技术的推广运用，使垦区病虫草害防控、田间标准化施药技术和生物灾害控制能力不断提升。

本书作者多年来致力于植保技术研究与推广，组织和进行农业部农药检定所农药登记试验、农药推广试验、探索性试验等1 200余项，参与国家、省等课题多项，撰写学术论文几十篇。连续十余年编印《黑龙江垦区绿色植保新技术》和《植保导航》刊物，深受垦区职工乃至全省农民、植保工作者和农药经销人员的欢迎。《绿色农业植保技术》是作者在全面深入地总结了垦区多年试验、示范和大面积生产应用的成熟的最新技术，收集和整理了大量来自生产实践中的相关经验的基础上编写而成。本书应用技术来自实践，用于生产，技术领先，指导性、操作性和实用性较强，能满足不同职业、不同层次读者的需要，尤其是适合广大种植农户、农业技术人员、农药企业人员、农药销售人员和农业院校师生等阅读，希望本书在推进病虫草等生物灾害绿色防控等方面发挥应有的作用。

2010年8月1日

前　言

黑龙江垦区是国家重要的商品粮基地和战略后备基地，在维护国家粮食安全，确保农产品有效供给上发挥了重要的作用。近年来，垦区在国家惠农政策的支持和引导下，大力发展现代粮食产业，扎实推进“抓城、强工、带农”战略，全面加快现代化大农业建设步伐，粮食商品总量实现了100亿斤*、200亿斤和300亿斤的跨越，并正向350亿斤及更高的目标迈进。在垦区现代农业快速、健康发展的进程中，垦区各级农业和植保专业技术人员，牢固树立“公共植保、绿色植保”的理念，坚持“预防为主、综合防治”的方针，立足垦区生产实践的需求，密切关注和把握国际、国内植保技术和药械的最新动态，坚持引进、试验、示范和推广高效、低耗、环保、安全的绿色植保新技术，大力推行专业化防治和绿色防控，为有效控制农业生物灾害，促进农业“一提两增”，确保农业产业、农业生态环境和农产品质量安全做出了应有的贡献。

随着全球气候变暖，农田病、虫、草、鼠害的发生和防控形势更加严峻，垦区生物灾害防控策略、防控重点和防控

* 斤为非法定计量单位，1斤＝0.5千克。

方式必须实现新的转变。本书总结了垦区多年试验、示范和大面积生产应用的最新技术，收集和整理了大量来自生产实践中的相关经验，结合专业理论，围绕农作物主要病、虫、草害的发生与防治，以及药害预防、控制及其配套技术进行较详尽的论述。

本书所介绍的技术来自实践，贴近生产，指导性强；所涉及的农药及其应用技术符合食品安全生产的要求，推荐和介绍使用最新的产品和技术；本书技术配套，所述防治技术包括农业防治、药剂防治，以及农药田间喷洒技术。本书适用于广大种植户、从事农业技术推广的技术人员、农药企业和农药销售等人员阅读。

本书的编写得到了王险峰研究员的大力支持，也得到了林志伟教授、台莲梅教授的帮助，在此深表感谢。

尽管编者多年从事植保技术研究和推广工作，但由于学术水平所限，疏漏和错误之处在所难免，敬请专家和读者批评指正。

编　者

2010年6月

目　录

第一章

寒地水稻

水稻是我国主要高产粮食作物，种植面积不断扩大，随着农业技术的发展，尤其是寒地水稻以旱育稀植为基础的“三化”栽培技术的普及和推广，水稻产量逐年上升，如黑龙江垦区由1982年的18万亩*，平均亩产165千克，到2009年的1 600多万亩，平均亩产566千克。在农业栽培技术发展的同时，植保技术也快速发展。由于药剂浸种和种子包衣技术的推广应用，水稻恶苗病、苗期立枯病等病害控制率达到95%左右；航化喷洒技术使水稻流行性病害控制率大大提高，病虫预测预报技术的应用实现了病虫害早期预防，降低了成本和减少了农药对生态环境的破坏，分期施药防除杂草技术的推广应用大大提高了灭草效果，为实现水稻优质、高产、稳产奠定了基础，提供了保障。

第一节　寒地水稻病害

一、水稻恶苗病

水稻恶苗病又称徒长病、公稻子，是水稻常年发生的病害。从苗期到抽穗期均可发生。对作物产量影响很大，必须作为常规措施防治。

［**病原**］无性态串珠镰孢菌（*Fusarium moniliforme* Sheld.）属

* 亩为非法定计量单位，1亩=1/15公顷。

半知菌亚门。

[田间症状] 水稻播种后就可发病，幼苗发病，苗纤细、色浅、徒长，根部发育不良，根毛数少。枯死苗近地面部分生有淡红色或白色粉状物。有的苗期不显症状，成株期发病，病株细长，分蘖少，叶片及叶鞘亦呈淡黄绿色，节间长而节部弯曲，根部发育不良，多从下部节上倒生许多不定须根。多数于孕穗期枯死，少数虽能结实，但穗小而粒也小，多为秕粒。枯死病株茎秆上亦密生淡红色或白色粉状物。

[侵染循环和发病条件] 种子带菌。病菌分生孢子借风、雨传播引起再侵染。种子带菌率高、种子受伤、弱苗、浸种不彻底发病重。

[防治] 种子消毒和种子包衣是防治恶苗病的关键。同时，建立无病留种田、处理病稻草、及时拔除病株、防止稻苗根部和种子受伤也是防治的有效措施。药剂防治配方如下：

（1）100 千克稻种用 25%咪鲜胺乳油 25 毫升+0.136%碧护 20 克，加水 100～120 千克，浸种 5～7 天，平均水温 11～12℃。

（2）100 千克稻种用 0.25%戊唑醇悬浮种衣剂 2～2.5 千克，加水 1～1.2 千克，进行种子包衣。包衣后用 2 天晾干，然后清水浸种。

二、水稻立枯病

立枯病是寒地水稻旱育秧苗床常见病害。该病常引起秧苗成片枯死，以至全苗床毁苗。

[病原] 禾谷镰孢菌（*Fusarium graminearum* Schw.）、尖孢镰孢菌（*Fusarium oxysporium* Schelcht）、木贼镰孢菌（*Fusarium equiseti* Sacc.）、串珠镰孢菌（*Fusarium moniliforme* Sheld）、茄腐镰孢菌［*Fusarium solani*（Mart.）App. et Wr.］和立枯丝核菌（*Rhizoctonia solani* Kühn）等，属半知菌亚门。此外，还有腐霉属少量的真菌。

[田间症状] 芽锥浅黄色，严重时第一真叶未展开就枯死。被害株叶片卷缩如针状，叶色由浓绿变为灰绿，进而变成黄褐色枯死。秧

苗茎基部和周围土壤上长出粉红色或白色的霉层。用手提拔病苗从茎基断裂。病株根色变黄，进而变褐而腐烂，如图 1-2。

［**侵染循环和发病条件**］镰孢菌和丝核菌在寄主病残体和土壤中越冬。低温、阴雨、光照不足是发病的重要因素，持续低温或阴雨后暴晴，土壤水分不足，幼苗生理失调，常导致病害急剧发生。种子质量和生活力差，床土黏重、偏碱，播种过早、过密，覆土过厚以及施肥、灌水和通风等管理不当，都有利于立枯病的发生。

［**防治**］水稻立枯病是由多种病原菌侵染引起的，其中引起水稻立枯病的镰孢菌和立枯丝核菌在土壤中普遍存在，营腐生生活，这些菌的数量或侵染力常受到环境条件及土壤中拮抗菌数量的影响，但主要与水稻幼苗在不良条件下生长衰弱、抗病力低有关。凡不利于水稻生长和削弱幼苗抗病力的环境条件（气候异常、床土黏重或偏碱性、苗期管理不当等条件），均有利于水稻立枯病的发生。为此，土壤调酸、药剂消毒和加强栽培管理是防治的关键。

（1）土壤调酸和消毒。床土调酸和消毒是旱育秧苗预防立枯病的主要措施。摆盘前一天，每 100 米^2 苗床浇喷 1%浓硫酸液（1 千克硫酸加 100 千克水）300 千克，使苗床 pH 在 4.5～5.5 之间。调酸后过 5 小时进行土壤消毒，每平方米用 30%噁霉灵 3～4 毫升或 30%甲霜·噁霉灵水剂 3 毫升对水 3 千克浇施。

水稻 1.5～2.5 叶期，用 pH4.0～4.5 酸水结合 30%噁霉灵每平方米 3～4 毫升加水 3 千克，各喷施一次；或 3%甲霜·噁霉灵水剂，每平方米 15～20 毫升加水 3 千克，或 30%甲霜·噁霉灵水剂，每平方米 1～1.5 毫升加水 3 千克，茎叶喷雾。使用甲霜·噁霉灵水剂应大水量喷雾，可将药液淋入土壤中，达到土壤消毒的目的，同时可提高对水稻秧苗的安全性。

（2）精选种子，控制催芽温度。精选种子，浸种前要认真晒种，提高种子生活力和发芽率。浸种、催芽温度应稳定在 10℃以上。

（3）加强栽培管理，培育壮苗。按“三化”栽培技术要求严格进行：置高床，适期播种，播量适中，不能过密，严格温、湿调控，强化通风炼苗，安全使用除草剂，合理施肥和灌水，不可盲目多次使用植物生长调节剂等。

苗床施肥：每 100 米^2 施有机肥（酵素有机肥）200～250 千克，尿素 2 千克，磷酸二铵 5 千克，硫酸钾 2.5 千克，肥料粉碎均匀施在苗床上并耙入土中 0～5 厘米。

三、水稻苗期青枯病

青枯病属生理性病害，在水稻 2～3 叶期，遇到不良环境条件，秧苗体内水分蒸腾与吸收失调引起。症状是心叶卷筒状，随后下叶很快失水萎蔫成卷筒状，全株呈污色枯死，导致青枯病发生。因是生理性病害，所以未受到病菌的危害，死苗后茎基部不腐烂，根毛少，根系色泽变暗，往往一簇一簇地死苗，并迅速蔓延，用手拔起不折断，严重时成片枯死。

［**防治**］采取早期通风炼苗，控制好棚室温、湿度，加强肥水管理等农艺措施预防，一旦发生青枯病除采取上述办法控制蔓延外，还可于青枯病发生早期将稻苗提前寄秧于本田中浸泡，改变生态环境，有利于控制病害蔓延。

四、稻瘟病

水稻整个生育期均可发生。根据被害部位不同，可形成苗瘟、叶瘟、节瘟、穗颈瘟和谷粒瘟等。

［**病原**］无性态 *Pyricularia oryzae* Cav. 为梨孢属病菌，属半知菌亚门。

［**田间症状**］叶瘟急性型病斑呈椭圆形，两端稍尖；暗绿色，叶片正、背面密生灰绿色霉。慢性型病斑呈梭形，两端尖，边缘红褐色，中央灰色或灰白色，最外围有黄色晕环，有明显的贯穿病斑中间并延伸到病斑两端之外的褐色坏死线。节瘟病节最初生黑褐色或黑色略凹陷的小斑点，以后逐渐环状扩展，可使整个节变成黑色稍凹陷，被害早和严重时，可造成“白穗”。穗颈瘟在穗颈节上初生褐色小点，

扩展后可使穗颈成段变褐色或黑褐色。发病早时形成白穗，发病晚时谷粒不饱满或形成秕谷，穗直立。

［**侵染循环和发病条件**］病菌以菌丝在病稻草和种子上越冬，在田间，病菌可通过气流传播进行再侵染。温度相对较低、多雨、寡照，田间相对湿度为90％以上稻瘟病易发生和流行。大面积种植感病水稻品种、施肥不当，尤其是偏施氮肥，长期深水灌溉，利于稻瘟病流行。

［**防治**］药剂防治的关键是适期施药，应结合稻瘟病田间调查预报结果和短期气象预报指导药剂防治。叶瘟调查应在水稻分蘖期开始，如发现发病中心，或零星出现急性型病斑，应立即喷药，若病势仍在发展，应过5～7天再喷药一次。穗颈瘟要根据叶瘟发生情况、田间调查结果和短期气象预报指导药剂防治，根据测报估计有可能发病的稻田，应在孕穗末期（破肚抽穗时）、齐穗期各喷药一次，如果气象条件有利于病情发展，灌浆前期再防治一次。药剂防治配方见表1-1。

表1-1　稻瘟病药剂防治配方

<table>
<tr><th>配方</th><th>药　剂</th><th>公顷用制剂量［克（毫升）］</th><th>使用时期</th><th>使用方法</th></tr>
<tr><td>1</td><td>75％三环唑可湿性粉剂</td><td>375～450</td><td rowspan="7">叶瘟发病初期、孕穗末期、齐穗期</td><td rowspan="7">对水，叶面喷雾。人工施药选用人工背负式机动弥雾机，喷液量每亩5～6升，飞机喷药，喷液量为每公顷20升</td></tr>
<tr><td>2</td><td>25％咪鲜胺乳油</td><td>1 500</td></tr>
<tr><td>3</td><td>2％春雷霉素液剂</td><td>1 500</td></tr>
<tr><td>4</td><td>80％多菌灵可湿性粉剂</td><td>750</td></tr>
<tr><td>5</td><td>40％稻瘟灵乳油</td><td>900～1 125</td></tr>
<tr><td>6</td><td>70％甲基托布津可湿性粉剂</td><td>1 500</td></tr>
<tr><td>7</td><td>6％戊唑醇微乳剂</td><td>100</td></tr>
<tr><td>8</td><td>8％烯丙苯噻唑颗粒剂</td><td>22 500</td><td>水稻分蘖期，黑龙江省6月下旬7月上旬</td><td>撒施。施药时田间保持水层3～5厘米，保水7天</td></tr>
</table>

以上药剂可轮换使用，并合理混用，以扩大杀菌范围，延缓抗药

性产生。

施药时在药液中每公顷加入酿造醋 1 500 毫升和益护 300 毫升混合喷雾，可使水稻健身防病、促熟、增产、提质，但不宜喷洒含氮叶面肥，否则会加重病害。

五、水稻胡麻斑病

［**病原**］无性态 *Bipolaris oryzae*（Breda de Haan）Shoem. et Jain，为平脐蠕孢属病菌，属半知菌亚门。

［**田间症状**］水稻整个生育期均可发病，植株地上部均能受害，而以叶片发病最为普遍，其次是谷粒、穗颈和枝梗。叶片上首先出现褐色小点，后扩展成褐色至暗褐色，椭圆形或长椭圆形的病斑，大小如芝麻粒，病斑边缘明显，外围有狭小的黄色晕环。

［**侵染循环和发病条件**］病菌以菌丝体在病稻草和病种子内越冬，为初侵染源，借风雨传播，多循环。一般在缺肥、缺水和水稻生长发育不良的地块发病重，酸性土壤、沙质土壤和泥质土壤上栽培的水稻发病重。另外，遇到环境条件适宜病原菌生长繁殖的年份，病害发生较早。品种间抗病性有明显差异。

［**防治**］

（1）农业防治。加强田间水肥管理，合理施肥、灌溉。清除田间病稻草。

（2）药剂防治。于发病初期，用 80％多菌灵可湿性粉剂 750 克/公顷，对水 200～250 升喷雾。

六、水稻叶鞘腐败病

［**病原**］由多种病原引起，主要以禾谷镰孢菌变种［*Fusarium graminearum* Schw. var. *caricis*（Oud. et Sp.）Wr.］为优势种，属半知菌亚门。

［**田间症状**］主要发生在剑叶叶鞘上，初生褐色小斑，逐渐扩大为不定形、中部黄褐色的斑块，严重的病斑扩展到全部剑叶鞘。

［**侵染循环和发病条件**］病稻草残体和病种子是主要的初侵染来源，病原菌可从水稻、稗草等染病病株上借风、雨传播，从水稻自然孔口、伤口侵入，经过一段时间的潜育期显症。潜育期受温度和湿度影响，孕穗期到抽穗期温度在25～30℃，相对湿度90%以上就适宜鞘腐病的发生，降雨量大，雨次多，发病重。品种间抗性差异很大。

［**药剂防治**］25%咪鲜胺乳油1 500毫升/公顷、80%多菌灵可湿性粉剂750克/公顷、70%甲基托布津可湿性粉剂1 500克/公顷，于水稻孕穗初期和孕穗末期，对水叶面喷雾，人工背负式喷雾器喷液量每亩15升，人工背负式机动弥雾机每亩5～6升。

七、水稻纹枯病

［**病原**］无性态为立枯丝核菌（*Rhizoctonia solani* Kühn），属半知菌亚门。

［**田间症状**］水稻整个生育期都可发生，一般在分蘖期开始至抽穗前后发病最重。主要为害叶鞘和叶片，严重时也能为害穗部和深入到茎秆。初在近水面的叶鞘上生暗绿色，中央灰绿色，外围稍呈湿润状的病斑。湿度低时，病斑边缘暗褐色，中央草黄色至灰白色。病斑多时，常数个相互接合成不规则云纹状大斑，导致病部上面的叶片发黄枯死。湿度大时，病部生有白色至灰白色蛛丝状菌丝及扁球形或不规则形的暗褐色菌核，菌丝与菌核相连。一般受害轻的减产5%～10%，重者可达50%～70%。如水稻生长前期严重受害，造成“倒塘”或“串顶”。可能颗粒无收。

［**侵染循环和发病条件**］病菌主要以菌核在土壤中越冬，也能以菌丝和菌核在病稻草、田边杂草上越冬。一般分蘖期降雨量大，雨日多，连阴雨，尤其孕穗期遇到高温、高湿气象条件，该病水平和垂直扩展速度都会加快。栽培密度高，偏施氮肥，长期积水或深灌的地块发病重。品种间对纹枯病的耐病性存在一定差异。

［**防治**］种子清选，打捞菌核，合理密植，平衡施肥，合理施氮，合理排灌。

药剂防治：选用5%井冈霉素水剂1 500～2 250毫升/公顷、30%苯甲·丙环唑乳油225～300毫升/公顷，于水稻10叶期（11叶品种）对水喷雾。人工机动弥雾机喷液量为70～90升，飞机喷雾为20～50升。

八、水稻细菌性褐斑病

又名细菌性鞘腐病，是一种发生于东北稻区的细菌性病害。

［**病原**］*Pseudomonas syringae* pv. *syringae* van Hall为假单胞菌属病菌，属薄壁菌门。

［**田间症状**］主要侵染叶片、叶鞘和穗部。叶片病斑初期为水渍状褐色小斑点，扩大后呈纺锤形、长椭圆形或不规则形，赤褐色，边缘有黄色晕纹。病斑常愈合一起形成大型条斑，使局部叶片枯死。当病斑发生于叶片边缘时，沿叶脉扩展成赤褐色长条形病斑。病株残体、种子和各种野生寄主（杂草）是主要的初侵染来源，病原菌借风雨传播，从伤口侵入水稻，通过自然孔口侵入较少，7～8月份天气阴冷再加上大风，或7月多雨均有利于病害的发生。

［**药剂防治**］在水稻发病初期，用20%叶枯唑可湿性粉剂1 500～2 250克/公顷，人工背负式喷雾器喷液量为200～250升，对水喷雾。人工机动弥雾机喷液量为70～90升，飞机喷雾为20～50升。

九、水稻秆腐菌核病

稻秆腐菌核病又称小球菌核病，各地稻区均有发生。受害植株秕粒率增加，千粒重下降，米质变差，受害较重的田块一般减产10%～25%，多的达50%～90%，有些年份造成大面积倒伏，近年来已成为水稻生育后期的重要病害之一。

［**病原**］无性态为稻双曲孢菌（*Nakataea sigmoideu* Hara），属半知菌亚门。

［**田间症状**］叶鞘和茎秆上形成黑色条形病斑，后期在近地表叶

鞘和茎秆内有小粒菌核，引起植株倒伏。

［侵染循环和发病条件］ 越冬菌源的多少是发病的主因，尤其稻田土壤中和稻桩内的菌核多，发病重。病菌主要通过机械作业和人工作业及灌水将泥土中的菌核从有病田传入无病田。目前，尚无免疫或高抗品种，但品种间抗病性差异较大。氮肥施用过多，稻株抗性下降，加重病害发生。

［防治］ 选用抗病、高产、优质水稻品种；泡田时打捞菌核；严格控制机械、田间串水等传播途径。

药剂防治：在水稻10叶期（11叶品种），选用5%井冈霉素水剂1 500～2 250毫升/公顷、30%苯甲·丙环唑乳油225～300毫升/公顷，对水喷雾。人工背负式喷雾器喷液量为200～250升，人工机动弥雾机喷液量为70～90升，飞机喷雾为20～50升。

十、水稻白叶枯病

白叶枯病在我国大部分稻区均有发生，是黑龙江省植物检疫性有害生物，发病植株秕谷增多，米质松脆，千粒重降低，一般减产20%～30%，严重者可达50%～60%，甚至颗粒无收。

［病原］ *Xanthomonas oryzae* pv. *oryzae*（Ishiyama）Swing为黄单胞菌属病菌，属薄壁菌门。

［田间症状］ 水稻各器官均可受害，以叶片最易感病，发病多从叶尖或叶缘开始，病菌主要从伤口和水孔侵入，病处出现暗绿色或黄色水渍状病斑，可达叶片基部和整个叶片，病斑边缘常呈不规则的波纹状，病健组织交界明显，最后病组织变为枯白色。

［侵染循环和发病条件］ 带菌种子、带病稻草是主要初侵染源。大面积种植感病品种、大风和暴雨气象条件、深水灌溉、氮肥施用过多有利于病害发生。

［防治］ 选用抗病品种；加强植物检疫，不从疫区引种；浅水灌溉，雨后及时排水，分蘖期排水晒田，及时清除田间病稻株。

药剂防治：出现发病中心后，用20%叶枯唑可湿性粉剂1 500～

2 000克/公顷，对水喷雾，每公顷人工背负式喷雾器喷液量为200升，人工机动弥雾机喷液量为70～90升。

十一、颖枯病

该病害是黑龙江省潜在检疫性有害生物，主要侵染谷粒颖壳，发生早的可使稻株不能结实，发生迟的则影响谷粒灌浆充实，千粒重明显降低，稻谷减产5%～8%，严重的可达20%以上。

［**病原**］谷枯叶点霉［*Phyllosticta glumarum*（Ell. et Fr.）Miyake］，属半知菌亚门。

［**田间症状**］为害谷粒，初在颖壳尖端或侧面出现褐色椭圆形小斑，边缘不清晰，后病斑变深褐色并逐渐扩大至谷粒的大半部或全部，病斑中心灰白色或枯白色，上面密生小黑点。

［**侵染循环和发病条件**］病菌以分生孢子器在病谷粒上存活越冬。分生孢子借风雨传播，当水稻抽穗后，侵入花器及幼颖致病。通常在稻株抽穗扬花期如遇暴风雨，稻穗互相摩擦产生伤口，有利于病菌侵入而病重；偏施过施或迟施氮肥，植株贪青，成熟延迟，利于发病；一般倒伏田地面温、湿度高，有利于病菌孢子发芽侵入，病粒增多。

［**防治**］选用无病种子：种子消毒（50%甲基托布津可湿性粉剂500倍液，浸种24小时）；及时处理秕谷，以减少病菌来源；加强肥水管理，避免偏施、迟施氮肥，增施磷、钾肥；适时晒田，提高植株抗病力，防止倒伏。

药剂防治：以预防为主，在始穗和齐穗期各喷药一次，必要时在灌浆乳熟前加喷一次。根据天气预报，在抽穗前风雨到来前或后喷药1次，可减轻发病。药剂参照稻瘟病。

十二、赤枯病

赤枯病是一种生理性病害，分生理型和中毒型两类。

［**发病原因和田间症状**］生理型赤枯病是由于钾、磷、锌等营养元素的供应缺乏或不能被吸收利用而致病。土壤温度或气温偏低，影

响水稻对钾、磷、锌等营养元素的吸收。尤其是水稻分蘖期遇气温骤降，持续时间长，则更影响钾、磷、锌等营养元素的吸收，发病愈加严重；水稻发病后，叶片枯死，生育期延迟，对产量有不同程度影响。中毒型赤枯病主要发生在土壤黏重、长期深灌浸水的稻田。插秧后遇到长期低温，土壤中缺氧，加上施用未腐熟的有机肥，产生硫化氢、亚铁、有机酸、二氧化碳和沼气等有毒物质，造成根窒息而受毒害，从而影响氮、磷、钾，尤其是钾的吸收。

[防治] 改良稻田土壤结构，施用有机肥、菌肥等；老稻田、多年旋耕田采取翻地措施，利于有毒物质释放；缺钾性赤枯病，应立即排水，每公顷追施氯化钾 60～90 千克，也可喷施磷酸二氢钾。对缺锌性赤枯病，也应立即排水，每公顷追施硫酸锌 15～22.5 千克；施用圣丹生物肥，每亩 2 500～3 000 克，撒施；8%烯丙苯噻唑颗粒剂 22.5 千克/公顷，撒施，施药时田间保持水层 3～5 厘米，保水 5～7 天。

十三、水稻中后期病害综合防治

随着水稻种植年限逐年增长，水稻生育中后期病害发生种类逐渐增多，发生与为害呈加重趋势。近年来，水稻生育中后期常发生的病害有稻瘟病、胡麻斑病、鞘腐病和细菌性褐斑病等。其发生特点为种类多，年度间病害发生种类和发病程度有较大差异，病害发生受气候、栽培、施肥等因素影响较大。所以，水稻生育中后期常发生的病害单靠药剂难以防治，必须采取综合防治措施。

（1）选用抗病品种，避免大面积种植感病品种，可减轻稻瘟病等流行性病害的为害。

（2）精选种子，剔除带病种子。

（3）加强植物检疫，控制白叶枯病菌、颖枯病菌等检疫性有害生物的传播和蔓延。

（4）培育壮苗，提高植株抗病力。

（5）平衡施肥，氮、磷、钾肥合理施用，氮肥用量不宜过多、过迟，适当增施磷、钾肥，提高水稻对稻瘟病、胡麻斑病、赤枯病、鞘腐病等病害的抵抗力。

(6) 合理控制栽培密度。

(7) 加强水层管理，合理排灌，提高水稻抵御病害的能力。

(8) 及时治虫，避免造成伤口，减少鞘腐病、细菌性褐斑病等病害发病几率。

(9) 安全使用除草剂，避免因药害而降低水稻植株抗病力。

(10) 及时铲除田边杂草和清除病株残体，减少侵染源和病害传播途径。

(11) 做好预测预报工作，适时进行药剂预防和治疗。

(12) 药剂防治：针对田间常发生病害种类及气象预报，选用三环唑、稻瘟灵、多菌灵、咪鲜胺、戊唑醇、春雷霉素及其混剂、甲基硫菌灵、低聚寡糖素等药剂合理搭配使用，用量可参照前述有关病害药剂防治，烯丙苯噻唑单用，于水稻分蘖期撒施，可预防和控制水稻中后期多种病害。

第二节 寒地水稻虫害

一、旱育秧苗床地下害虫

水稻旱育秧苗床地下害虫主要有蝼蛄、地老虎等，用毒土法或叶面喷雾法防治。

在发生地下害虫的苗床，于害虫初发期或用毒饵诱杀，将 1 份 90%敌百虫晶体用热水化开，对 5 份水，喷洒在 50 份粉碎后并炒香的豆饼粉、麦麸或玉米糠上，并混拌均匀制成毒饵，每亩 1～1.5 千克于傍晚施于苗床周围。

二、潜叶蝇

潜叶蝇（*Hydrellia griseola* Fallen）属双翅目，水蝇科，又名稻小潜叶蝇，我国多数稻区均有发生，以北方稻区发生多，为害重。

［**发生规律**］稻潜叶蝇一年发生多代，常世代重叠。在黑龙江，

潜叶蝇以成虫在杂草间越冬，4月上旬越冬成虫开始活动，6月上旬至7月上旬以幼虫为害水稻。成虫昼伏夜出，多在晴天活动，喜产卵于稻叶尖上。初孵幼虫刺破表皮潜入叶肉，形成细长、弯曲潜道。若水稻苗弱，且深水灌溉，叶片平伏于水面，利于幼虫转株为害，发生重。另外，周边杂草和蜜源植物多，发生重。

［**田间为害状**］主要发生在插秧后的稻田，幼虫钻入表皮下潜食叶肉，仅留上下表皮，在叶片上形成不规则白色条斑，在其中可见乳白色至黄白色幼虫。为害重时可造成稻叶枯死。

［**防治**］及时清除排灌渠堤及田埂上的杂草，减少虫源。在栽培上，要整平土地、浅水管理、培育壮苗，可减轻虫害。水稻插秧前带药入本田，插秧后10～20天做好田间虫卵和幼虫情况调查，并及时进行药剂防治。

药剂防治：水稻插秧前1～3天，每100米^2 苗床施用70%吡虫啉水分散粒剂4～6克，每平方米苗床施25%噻虫嗪水分散粒剂6克，或3%克百威颗粒剂1 500克，或0.5%印楝素乳油130～150毫升等，秧苗带药插入本田，可有效预防和减轻本田潜叶蝇发生为害。在幼虫初发期，选用70%吡虫啉水分散粒剂60～90克/公顷、25%阿克泰水分散粒剂90～120克/公顷、0.5%印楝素乳油2 250～3 000毫升/公顷，对水200千克喷雾防治。喷药前应将稻田水排出，喷药1天后再灌水。

三、负泥虫

负泥虫（*Oulema oryzae* Kuwayama）属鞘翅目，叶甲科，俗称背粪虫、巴巴虫，主要发生于我国东北和中南部稻区，是黑龙江省稻田常发性害虫。

［**田间为害状**］以幼虫和成虫为害水稻幼苗，沿叶脉取食叶肉，造成白色纵条纹，重者稻苗枯焦、全叶变白，以至破裂，造成缺苗。即使存活，也将造成水稻迟熟，影响产量。一旦发生一定要及时防治。

［**发生规律**］在黑龙江，每年发生1代，以成虫越冬，越冬成虫

5月中、下旬开始活动，聚集在禾本科杂草上取食，水稻插秧后成虫转移到稻苗上为害。6月上、中旬产卵，6月中旬孵出的幼虫开始为害，6月下旬至7月上旬为幼虫盛发期。

[防治]

（1）农业措施。清除排灌渠堤及田埂上的杂草，减少虫源。

（2）药剂防治。移栽前带药移栽到本田，防治方法见育秧田。水稻插秧后至7月上旬做好成虫、幼虫虫情田间调查。发现有成虫为害并有加重趋势时，或成虫为害不重，幼虫开始为害，并有加重趋势时，要进行防治。可选用2.5%溴氰菊酯乳油225～450毫升/公顷，或2.5%高效氯氟氰菊酯水乳剂225～450毫升/公顷，或0.5%印楝素乳油2 250～3 000毫升/公顷，对水200升喷雾。

四、二化螟

二化螟（*Chilo supperssalis* Walker）属鳞翅目，螟蛾科，又名钻心虫、蛀秆虫。主要发生于华中、华东各省及华北和东北地区。二化螟除为害水稻外，还为害小麦、玉米、油菜等作物。近年来随着气候变暖的影响，南虫北移现象较普遍，在黑龙江二化螟发生有加重趋势。

[田间为害状] 二化螟主要以幼虫为害，幼虫钻蛀稻株，取食叶鞘、穗苞、茎秆等，常造成枯心和白穗，对产量有较大影响。

[发生规律] 二化螟发生代数随不同地区温度的影响而异，东北地区每年发生1～2代，黑龙江省每年发生1代。以幼虫在寄主根茬或茎秆中越冬，春季幼虫转移到土面根茬或杂草上，找合适的场所化蛹，哈尔滨地区羽化出成虫的时间为7月中旬，7月下旬开始产卵于水稻上，卵期6～8天，卵孵化后以二龄幼虫蛀入稻株为害，直到水稻收割，以老熟幼虫越冬。

[防治]

（1）农业措施。秋翻地，春季及早深水泡田，消灭二化螟越冬场所，减少虫源。及早拔除被害植株，以防转株为害。

（2）药剂防治。此虫为钻蛀性害虫，防治幼虫的关键时期是在幼虫钻蛀茎秆之前，及时喷药。防治成虫可于产卵高峰期用黑光灯、频振式杀虫灯诱杀，杀虫灯可呈一定角度挂于田间或放在水稻秸秆垛周围。

防治指标：当每公顷有枯鞘团 900 个以上，枯心率或枯鞘率 5%以上，应全田进行药剂防治。

防治用药：50%杀螟磷乳油 1 125～1 500 毫升/公顷、40%毒死蜱乳油 1 125～1 500 毫升/公顷、50%杀螟丹可溶性粉剂 1 125～1 500克/公顷、80%敌敌畏乳油 1 125～2 250 毫升/公顷，对水喷雾，防治幼虫。

五、稻螟蛉

稻螟蛉（*Naranga aenescens* Moore）属鳞翅目，夜蛾科，又名双带夜蛾，俗名量步虫、稻青虫、青尺蠖。我国各水稻产区均有发生。稻螟蛉以幼虫食害水稻叶片，造成减产。

［**田间为害状**］一至二龄幼虫将叶片食成白色条纹，三龄后将叶片食成缺刻，使叶片残缺，严重时将叶片咬成破碎状。

［**发生规律**］在东北一年发生 2～3 代，以蛹在杂草中及田间散落稻草叶苞中越冬，少数在稻草或稻秸中越冬。黑龙江省一年发生 2 代，第一代成虫在稻田发生较少，第二代幼虫多在水稻生育后期发生为害，对水稻影响不大，但若发生早或发生量大，对水稻生长有一定影响。

［**防治**］幼虫初龄期进行药剂防治，使用药剂见二化螟防治。

第三节　寒地水田杂草防除

随着水稻种植年限的增加，面积不断扩大，化学除草面积也逐年增加，寒地水稻基本实现 100%化学除草。除草剂的广泛应用大大提高了灭草效果，同时，由于单一靶标除草剂常年超量使用，使杂草群落发生了较大变化，部分杂草抗性增强，给防治带来困难。

一、寒地水稻旱育秧苗床杂草发生与防治

［**水稻苗床杂草发生情况**］水稻旱育秧苗床土取自大田土（取土地块前茬不能使用长残留除草剂，如咪唑乙烟酸、氯嘧磺隆、氟磺胺草醚、莠去津等），常发生的杂草有稗草、藜、车前子、龙葵等一年生杂草。

［**推荐使用除草剂品种和配方**］稻田杂草种群以稗草居多，也是苗床重点防治杂草，可于水稻苗前或苗后喷洒除草剂防除。

表 1-2　寒地水稻旱育秧苗床除草剂配方

配方	使用时期	药　　剂	100 米^2 使用制剂量（毫升）	使用方法	注意事项
1	秧田播种覆土后	50%禾草丹乳油	45～60	对水 15 升土壤喷雾处理	
2	秧田播种覆土后	90%禾草丹乳油	25～30	对水 15 升土壤喷雾处理	
3	苗后，稗草 1.5～2 叶期前	50%禾草丹乳油＋ 20% 敌稗乳油	30～45＋45～75	对水叶面喷雾	
4	水稻 1.5～2.5 叶期，稗草 3 叶期前	10%氰氟草酯乳油	6～9	对水叶面喷雾	
5	水稻 1.5～2.5 叶期，稗草 3 叶期前	10%氰氟草酯乳油＋48%灭草松水剂	6～9＋25	对水叶面喷雾	
6	水稻 1 叶 1 心期（稗草 1～2 叶期前）	20% 敌稗乳油＋90.9%禾草敌乳油	70～80＋15	对水叶面喷雾，喷液量为每亩 30～40 升	施药时棚温不能超过 25℃，否则作物药害重。当水稻超过 1 叶 1 心期，不要使用该配方
7	水稻 1 叶 1 心期，稗草 3 叶期前	90.9%禾草敌乳油＋48%灭草松水剂	15＋25	对水叶面喷雾	

［**苗床除草剂药效和安全性问题**］黑龙江省春季低温，丁草胺及其混剂丁·扑、丁·西用于苗床不安全，使用后需覆土 2 厘米才能保证相对安全，但生产栽培技术要求只覆土 0.5～1.0 厘米。丁草胺及其

混剂在苗床使用，低温条件下丁草胺发生药害，棚室温度过高，丁·扑、丁·西易发生药害。二氯喹啉酸在苗床使用不当易造成潜在药害，水稻移栽本田后表现药害症状，稻苗5叶期心叶抽不出，畸形，影响分蘖。90%禾草丹乳油含量高，低温下易产生结晶，降低除草活性。

二、本田杂草发生与防治

（一）杂草发生情况

寒地水稻新开发稻田主要杂草有稗草、狼把草等1年生杂草。3～5年稻田主要发生杂草有稗草、泽泻、雨久花等1年生杂草，三棱草较少。6年以上稻田主要发生杂草有稗草、稻稗、慈姑、泽泻、雨久花、异型莎草、扁秆藨草、匍茎剪股颖、萤蔺、碎米莎草、牛毛毡、四叶萍、眼子菜、水绵、陌上菜、谷精草、稻李氏禾等。近年来，部分地区由于某些单一靶标除草剂连续使用多年，一些杂草产生了抗药性，如慈姑、雨久花、泽泻对磺酰脲类除草剂抗性增强，阔叶杂草基数增多。杂草稻在东北三省一定范围内发生，近年来发生程度有上升趋势。

（二）杂草防治

1. 除草剂及配方的选择

（1）坚持安全、高效、低毒、低残留、环保的原则。水稻移栽田使用除草剂应注重安全、高效、低毒、低残留，这直接影响水稻生长发育、产量、品质及效益。水稻移栽田生育前期在低温、水深、弱苗、肥害等条件下，对除草剂降解能力弱，易产生药害，轻者抑制水稻生长，病害加重，重者绝产。

（2）根据稻田杂草发生种类选择除草剂和混用配方。在新开垦水稻田，杂草基数小，多为1年生杂草，可采用移栽后一次性施药进行防除。黑龙江省水稻田稗草始发期在5月上旬，高峰期在5月末6月初，阔叶杂草发生高峰期在6月中、下旬，杂草出苗持续时间较长，而且垦区整地早，整地与插秧间隔时间长，杂草出苗早，一次性施药难以有效地控制早期出苗杂草危害。另外，一次性施药大多在水稻插后5～7天进行，常受低温影响，水稻插后缓苗慢，丁草胺等用量大对水稻安全性差，抑制水稻生长，对产量和品质均有影响。为有效控制杂草危害，尤其是一些难防治杂草如稻稗、稻李氏禾、慈姑、雨久花和一些多年生莎草科杂草的危害，提高对水稻的安全性，在5年以上老稻田采取分期施药法。

（3）根据自然条件选择施药方法和标准的喷雾器械。

2. 水稻移栽田一次性化学除草

表1-3　水稻移栽田一次性施用除草剂配方

<table>
<tr><th>编号</th><th>药　剂</th><th>每公顷用制剂量［毫升（克）］</th><th>施药时期</th><th>防治对象</th><th>注意事项</th></tr>
<tr><td>1</td><td>30%莎稗磷乳油+10%苄嘧磺隆可湿性粉剂</td><td>750～900+200～250</td><td rowspan="3">水稻移栽后10～15天</td><td rowspan="3">稗草、阔叶杂草和某些莎草科杂草</td><td rowspan="3">采用毒土法或毒肥法施药，施后保持水层3～5厘米，持续7～10天</td></tr>
<tr><td>2</td><td>50%丙草胺乳油+10%吡嘧磺隆可湿性粉剂</td><td>900～1 050+150～200</td></tr>
<tr><td>3</td><td>60%丁草胺+15%乙氧磺隆可湿性粉剂</td><td>1 200+150～225</td></tr>
<tr><td>4</td><td>90.9%禾草敌乳油+48%灭草松水剂</td><td>3 000～4 000+2 500～3000</td><td>水稻移栽后，稗草4叶期前</td><td rowspan="2">稗草、阔叶杂草和多年生莎草科杂草如扁秆藨草危害严重的老稻田。禾草敌防治4叶期前稗草，二氯喹啉酸防治3～8叶期稗草</td><td rowspan="2">采用喷雾法，快杀稗必须喷洒均匀，重喷易造成药害，施药前两天排水，使杂草露出水面，施药后两天放水回田，1周内稳定水层3～5厘米</td></tr>
<tr><td>5</td><td>50%二氯喹啉酸可湿性粉剂+48%灭草松水剂</td><td>500～800+2 500～3 000</td><td>水稻移栽后，稗草3～8叶期</td></tr>
<tr><td>6</td><td>12%噁草酮乳油</td><td>3 000</td><td>水稻移栽前3～5天</td><td>防治1.5叶期前稗草和阔叶杂草</td><td>整地后趁混水施药</td></tr>
<tr><td>7</td><td>10%吡嘧磺隆可湿性粉剂</td><td>300～450</td><td></td><td>防治1.5叶期前稗草和阔叶杂草，对莎草科杂草有抑制作用</td><td>毒土法施药，撒施均匀</td></tr>
</table>

（续）

编号	药　剂	每公顷用制剂量［毫升（克）］	施药时期	防治对象	注意事项
8	10％嘧草醚可湿性粉剂＋10％吡嘧磺隆可湿性粉剂	300～450＋225～300	移栽后5～7天	防治2.5叶期前稗草和阔叶杂草	毒土法施药，撒施均匀
9	50％四唑草胺可湿性粉剂＋10％吡嘧磺隆可湿性粉剂	200～225＋150	移栽后1～7天	稗草和阔叶杂草	

在新开发稻田或5年以内稻田，杂草群落单一，主要以稗草、一年生阔叶杂草为主，可采用表1－3配方，如田间主要发生稗草，可单用嘧草醚、禾草敌、四唑草胺、莎稗磷、丁草胺、丙草胺、苯噻酰草胺等杀稗剂，使用方法如表中所述。

3. 分期施药及配方

第一次施药　稻田水整地后移栽前5～7天，选用10％嘧草醚乳油300～450毫升/公顷、30％莎稗磷乳油900毫升/公顷、50％四唑酰草胺可湿性粉剂250～300克/公顷、50％丙草胺乳油900～1 050毫升/公顷、60％丁草胺乳油1 200毫升/公顷、24％乙氧氟草醚乳油600～900毫升/公顷、50％苯噻草胺可湿性粉剂1 050克/公顷、80％丙炔噁草酮可湿性粉剂90克/公顷；水稻移栽前2～3天，12％噁草酮乳油3 000～3 750毫升/公顷。

在整地与插秧间隔时间长，杂草出苗早的地块，用24％乙氧氟草醚乳油600～900毫升/公顷，或丙草胺、嘧草醚、丁草胺、莎稗磷等除稗剂（用量同上）与10％吡嘧磺隆可湿性粉剂225～450克/公顷，或10％苄嘧磺隆可湿性粉剂300～450克/公顷混用，可提高对多年生莎草科杂草和阔叶杂草的控制效果。

第二次施药　移栽后15～20天，每公顷可选用10％嘧草醚乳油300毫升＋10％吡嘧磺隆可湿性粉剂375～450克、30％莎稗磷乳油750毫升＋10％吡嘧磺隆可湿性粉剂375～450克、50％四唑酰草胺可湿性粉剂 200～225 克＋10％吡嘧磺隆可湿性粉剂 375～450 克、50％丙草胺乳油 750～900 毫升＋10％吡嘧磺隆可湿性粉剂375～450 克、50％丙草胺乳油 750～900 毫升＋10％醚磺隆可湿性粉剂 225～300 克、50％苯噻草胺可湿性粉剂 900 毫升＋10％吡嘧磺隆可湿性粉剂 375～450 克。

施药时期和方法：插前 5～7 天，水整地后，水面静止，水层3～5 厘米，用毒土法或甩喷法施药，施药后保水 5～7 天，等水自然渗降至花达水时进行插秧。插秧后 15～20 天，用毒土法施药。

施药注意事项

(1) 噁草酮使用方法：水整地趁泥浆混浊状态时进行瓶甩或甩喷，不可在水整地车上进行瓶甩。

(2) 甩喷法：甩喷法是种植户经长期实践总结出的简便易行、提高工效的水稻田施药方法，把喷雾器喷头的喷片拿掉，喷液量每亩 15 升。此施药法只限用于水稻移栽前使用，移栽后使用易造成严重药害。甩喷法在操作时应保持喷雾均匀，且要求田面平整，水层一致，否则会出现局部用量过高、过低导致的药害或无效。

(3) 水稻田药剂防治效果与水层管理有着密切的关系，为确保防效，水田整地一定要达到标准，做到田面平整，要求保水性好，否则会影响药效或出现除草剂药害。

4. 几种难治杂草的防除

(1) 稻稗。稻稗在黑龙江省 5 月末至 6 月初为发生高峰期，随着水稻种植年限的延长，部分地区稻稗逐渐上升为优势草种。传统的移栽后一次性施药有的稻稗已达 2～3 叶期，莎稗磷、丁草胺等只能防治 1.5 叶期的稻稗，施药时期过晚，药效降低或无效。

防治可采用分期施药法和一次性施药。分期施药可选用丙草胺、嘧草醚、莎稗磷、丁草胺、苯噻草胺、四唑酰草胺等；一次性施药可用禾草特、五氟磺草胺、氰氟草酯等。

分期施药配方和方法：移栽前 5～7 天，除稗剂单用，采用毒土或甩喷法；移栽后 15～20 天使用除稗剂加防除阔叶杂草的除草剂，采用毒土法施药。配方见“分期施药及配方”。

一次性施药配方和方法：2.5%五氟磺草胺乳油 900 毫升/公顷（稻稗 2～5 叶期）或 1 200 毫升/公顷（稻稗大于 5 叶期），叶面喷雾；24%乙氧氟草醚乳油 600～900 毫升/公顷于水稻移栽前 5～7 天毒土或甩喷法施药；80%丙炔噁草酮可湿性粉剂 90 克/公顷于水稻移栽前 5～7 天毒土或甩喷法施药。

（2）慈姑。近年来，很多地区慈姑防治困难，分析原因一是北方稻田由于多年连续使用磺酰脲类除草剂苄嘧磺隆、吡嘧磺隆，一些地区慈姑产生了抗药性，苄嘧磺隆、吡嘧磺隆在黑龙江省初用时对前述杂草防效可达 95%以上，但到了 21 世纪，很多地区防效已不到 50%，成为难防治杂草，也因此种群数量急剧增多。二是不同地区慈姑品种间抗药性有差异，野慈姑比矮慈姑耐药。三是慈姑有根繁殖和种子繁殖之分，前者抗药性强于后者，不易防除。四是施药后水层浅或短期内无水，从而影响药效发挥。五是在整地时间早，早春气温回升快的情况下，杂草出苗早，插前只单用除稗剂，待插后 15～20 天采用防治阔叶杂草除草剂时，草龄往往大于药剂防治适期，导致防效差。六是药剂选择不当，需更新或轮换使用药剂。对于慈姑杂草基数大的田块，在早春气温回升快、整地与插秧间隔时间长的情况下，插前和插后均应采用防阔叶杂草的除草剂与除稗剂混用二次用药，并保证作业标准。

配方和使用方法　水稻插秧前 5～7 天，10%吡嘧磺隆可湿性粉剂 300～450 克/公顷，或 24%乙氧氟草醚乳油 600～900 毫升/公顷，或 80%丙炔噁草酮可湿性粉剂 90 克/公顷，或 30%苄嘧磺隆可湿性粉剂 225～300 克/公顷，或 10%醚磺隆可湿性粉剂 225 克/公顷，毒土法或甩喷法施药，施药时水层为 3～5 厘米，保水 5～7 天。每公顷 75%2 甲 4 氯胺盐水剂 300～600 毫升+48%灭草松水剂 2 500～3 000 毫升，于苗后叶面喷雾。

（3）水绵。近年来水绵发生较重，分析其原因一是磷肥施得过浅；二是防治药剂选择不当。

防治措施　秋季深耕深翻；磷肥深施；合理选择除草剂。每公顷可选用 10%吡嘧磺隆可湿性粉剂 150～225 克、10%环丙嘧磺隆可湿性粉剂 250 克，毒土法或甩喷法施药。

（4）匍茎剪股颖。10%氰氟草酯乳油 600～900 毫升/公顷，喷雾法施药。水稻收获后，用 41%草甘膦水剂 2 250～3 000 毫升/公顷，喷雾处理，10～15 天后深翻地。及时清除池埂上的匍茎剪股颖，用 20%百草枯水剂 3 000 毫升/公顷，或 41%草甘膦水剂 3 000～4 500 毫升/公顷。

（5）扁秆藨草、三江藨草（日本藨草）、藨草。

防治措施　秋季深耕深翻，可减少杂草发生基数。

药剂防治：水稻插秧前 3～7 天，用 10%吡嘧磺隆 450 克/公顷，插后 15～20 天，用 10%吡嘧磺隆 150～225 克/公顷，毒土法施药。

46%二甲·灭草松可溶液剂 2 000～2 500 毫升/公顷，或 75% 2 甲 4 氯胺盐水剂 300～600 毫升/公顷＋48%灭草松水剂2 500～3 000 毫升/公顷，或 48%灭草松水剂 3 000 毫升/公顷，于水稻移栽后叶面喷雾，施药时放浅水层，使杂草露出水面，2 天后施水回田。

每公顷用 80%丙炔噁草酮可湿性粉剂 90 克，或 24%乙氧氟草醚乳油 600～900 毫升，水稻插前 3～7 天毒土法或甩喷法施药。

5. 田埂化学除草

20%百草枯水剂 3 000 毫升/公顷喷雾法施药。

6. 除草剂安全性

北方春季冷凉，且常伴有阶段性低温，在低温条件下，除草剂在作物体内降解缓慢，易对作物造成伤害，轻者抑制生长，重者导致死苗。所以，选择除草剂应首先考虑安全性。

酰胺类除草剂如乙草胺、异丙甲草胺、甲草胺及其混剂仅适用于我国长江以南稻区使用，不适用于北方稻田，如使用会造成严重减产，甚至绝产。扑草净用于南方水稻田防治眼子菜，对目前难防治杂草雨久花、慈姑等阔叶杂草防效差，且对使用技术要求严格，使用不当会造成较严重药害。乙氧氟草醚、丙炔噁草酮必须在水稻移栽前施药，苗后用药会造成较重触杀性药害。

表 1-4 寒地水稻移栽田除草剂使用方法和安全性资料

除草剂	使用时期	每公顷制剂量［克（毫升）］	对水稻安全性	
			正常环境	不良条件
60%丁草胺乳油	插前 5～7 天，插后 15～20 天	1 500	安全	药害较重
90.9%禾草敌乳油	插后 5～7 天	3 000～4 050	安全	安全
50%禾草丹乳油	插后 5～7 天	4 500～6 000	安全	安全
50%四唑酰草胺可湿性粉剂	插前 3～5 天，插后 15～20 天	255～300	安全	安全
10%氰氟草酯乳油	插后 10～30 天	450～1 500	安全	安全
50%苯噻草胺可湿性粉剂	插前 5～7 天，插后 15～20 天	1 050～1 950	安全	药害
50%丙草胺乳油	插前 5～7 天，插后 15～20 天	1 050～1 500	安全	药害严重
20%敌稗乳油	插后 5～7 天	7 500	安全	有触杀性药害
30% 莎稗磷乳油	插前 5～7 天，插后 15～20 天	750～1 050	安全	药害严重
50%二氯喹啉酸可湿性粉剂	插后 5～30 天	495～825	安全	药害重
10%吡嘧磺隆可湿性粉剂	插前 5～7 天，插后 15～20 天	300～450	安全	轻微药害
10%苄嘧磺隆可湿性粉剂	插前 3～5 天，插后 15～20 天	600～750	安全	轻微药害
12%噁草酮乳油	插前 3～7 天	3 000	安全	药害重
10%醚磺隆可湿性粉剂	插后 5～10 天	3 375～4 500	安全	药害重
80%丙炔噁草酮可湿性粉剂	插前 5～7 天	90	安全	触杀性药害重
24%乙氧氟草醚乳油	插前 5～7 天	450～900	安全	触杀性药害重
2.5%五氟磺草胺乳油	插后	900～1 200	安全	轻微药害
750 克/升 2 甲 4 氯胺盐水剂	水稻移栽缓苗后	600	安全	药害
10%嘧草醚可湿性粉剂	插前 5～7 天，插后 15～20 天	300～450	安全	安全

注："正常环境"是指在正常气候、施药方法、用量、水肥管理等条件下；"不良条件"是指低温、水深、弱苗等条件和使用不当等情况。

三、水稻直播田杂草防治

1. 防治稻稗、稗草

(1) 90.9%禾草敌乳油 3 000～4 000 毫升/公顷，稻稗、稗草 3 叶期前叶面喷雾。

(2) 10%氰氟草酯乳油 600～900 毫升/公顷，稗草 1.5～2 叶期施药。

(3) 10%氰氟草酯乳油 1 050～1 500 毫升/公顷，稗草 2～5 叶期施药。

(4) 2.5%五氟磺草胺乳油 900 毫升/公顷，稗草、稻稗 2～5 叶期叶面喷雾。

(5) 2.5%五氟磺草胺乳油 1 200 毫升/公顷，叶面喷雾防治大于 5 叶期的稗草、稻稗。

(6) 50%二氯喹磷酸可湿性粉剂 600～750 克/公顷，稗草、稻稗 3～5 叶期叶面喷雾。

(7) 50%四唑草胺可湿性粉剂 200～400 克/公顷，稗草苗前至 2.5 叶期毒土法施药。

(8) 10%嘧草醚可湿性粉剂 200～375 克/公顷，稗草、稻稗 2.5 叶期以前，毒土、毒沙法及喷雾法施药。

2. 防治稗草、稻稗、水莎草、萤蔺、碎米莎草、狼把草、异型莎草、鸭舌草、雨久花、牛毛毡、眼子菜、花蔺、泽泻、矮慈姑、野慈姑、扁秆藨草、三江藨草、水绵等除草剂配方

(1) 50%四唑草胺可湿性粉剂 200～250 克/公顷＋10%吡嘧磺隆可湿性粉剂 150 克/公顷或 15%乙氧磺隆可湿性粉剂 150～225 克/公顷，或 10%环嘧磺隆可湿性粉剂 200～250 克/公顷，稗草 2.5 叶期前毒土法施药。

(2) 48%灭草松水剂 2 500～3 000 毫升/公顷＋90.9%禾草敌乳油3 000～4 000 毫升/公顷，稗草 1～4 叶期喷雾法施药。

(3) 48%灭草松水剂 2 500～3 000 毫升/公顷＋10%氰氟草酯乳油900～1 500 毫升/公顷，稗草 1～5 叶期喷雾法施药。

（4）48％灭草松水剂 2 500～3 000 毫升/公顷＋50％二氯喹啉酸可湿性粉剂 500～800 克/公顷，稗草 1～7 叶期喷雾法施药。

（5）15％乙氧磺隆可湿性粉剂 150～225 克/公顷＋90.9％禾草敌乳油 2 500～3 000 毫升/公顷，稗草 3 叶期前施药。

（6）90.9％禾草敌乳油 3 000～4 000 毫升/公顷＋10％吡嘧磺隆可湿性粉剂 225～450 克/公顷，稻稗、稗草 2～3 叶期用毒土法施药。

使用方法：采用毒土、毒沙法施药，施后稳定水层 2～3 厘米，保持 5～7 天。喷雾法施药在施药前 2 天放浅水层或保持田面湿润，施药后 2 天放水回田。喷雾法施药喷液量人工 150～300 升/公顷。

表 1-5　水稻田除草剂杀草谱

杂草 / 除草剂	稗草	稻稗	稻李氏禾	雨久花	泽泻	矮慈姑	慈姑	眼子菜	狼把草	小茨藻	水绵	萤蔺	牛毛毡	异型莎草	水莎草	藨草	日本藨草	扁秆藨草
禾草敌	卌	卌		—	—	—	—	—	—	—	—	—	—	—	—	—	—	—
四唑草胺	卌	卌		卌	—	—	—	—	—	—	—		卌	卌	—	—	—	—
丁草胺	卌			＋	＋	—	—	—	—	—	—	卌	卌	卌	卄	—	—	—
噁草酮	卌			卌	卄	＋	＋	—	—	卄	＋	卄	卌	卌	卌	—	—	—
杀草丹	卌			卄	—	—	—	—	—	—	—	—	卄	—	—	—	—	—
敌　稗	卌			＋	＋	＋	＋	—	—	—	—	—	—	—	—	—	—	—
氰氟草酯	卌	卌		—	—	—	—	—	—	—	—	—	—	—	—	—	—	—
莎稗磷	卌	卌		＋	＋	—	—	—	—	—	—	＋	＋	卌	＋	—	—	—
丙草胺	卌	卌		卌	卌	＋	＋	—	—	＋	—	卌	卌	卌	—	—	—	—
二氯喹啉酸	卌			卄	—	—	—	—	—	—	—	—	—	—	—	—	—	—
吡嘧磺隆	卄	卌		卌	卌	卌	卌	卌	卌	卌	卄	卌	卌	卌	卌	卄	卄	卄
苄嘧磺隆	＋			卌	卌	卄	卌	卌	＋	—	—	卌	卌	卌	卌	＋	卄	卄
乙氧磺隆	＋			卌	卌	卌	卌	卌	卌	卌	卌	卌	卌	卌	卌	＋	卄	卄
金　秋	＋			卌	卌	卄	卌	卄	卌	卌	卌	卄	卌	卌	卌	＋	＋	卄
灭草松	—			卌	卌	卌	卌	＋	卌	卄	＋	卌	卌	卌	卌	卌	卌	卌
苯噻草胺	卌	卌		卄	＋	＋	＋	＋		＋	＋	卌	卌	卌	卌	—	—	—
醚磺隆				卌	卄	卄	卄	卌	＋				卌	卌		卌	卌	卌
丙炔噁草酮	卌			卌	卌	卄	卌	卄	卄	卌	卌	卄	卌	卌	卌	卌	卌	卄
五氟磺草胺	卌	卌	卌	卌	卌	卌	卌		卌			卌		卌	卌	卌	卌	
乙氧氟草醚	卌			卌	卌	卄					卄	卄	卌	卌	卌			

注：卌：防治效果 95％～100％；卄：防治效果 90％～95％；＋：防治效果 80％～90％；－：防治效果 80％以下。

表 1-6　移栽水稻田各阶段植保农时表

时期		措施	防治对象
整个生育期		按“三化”栽培要求 加强栽培管理	健身防病
育秧苗床	播前	苗床施杀虫剂	地下害虫
		药剂浸种	恶苗病
		床土消毒、床土调酸	立枯病
	秧苗 1.5～2.5 叶期	土壤消毒、调酸	
	插前 1～3 天	喷洒内吸性杀虫剂	本田潜叶蝇
	播种覆土后或苗期	化学除草	杂草
本田	插前 5～7 天、插后 15～20 天		杂草
	6 月上、中旬（插秧后 10～20 天）虫害发生期	防虫	潜叶蝇
	水稻插秧后至 7 月上旬虫害发生期		负泥虫
	插秧前后、赤枯病发生期	改良稻田土壤结构、施用生物肥	赤枯病
	6 月下旬至 7 月初、孕穗末期和齐穗期	防病	防治稻瘟病、胡麻斑病、鞘腐病和细菌性褐斑病等病害
	6 月下旬至 7 月上旬		防治纹枯病、秆腐菌核病
	8～9 月虫害发生期	防虫	稻螟蛉
	虫害发生期		稻纵卷叶螟
	虫害发生期		稻蝗
	虫害发生期		二化螟

第二章 玉 米

近年来，受国内外市场和国家政策性收储价格提高的影响，玉米种植面积迅速扩大。玉米病虫草害的发生也呈逐年加重趋势，给玉米生产带来较大损失。玉米采用深松整地、秋起大垄、测土配肥、秋深施肥、优选品种、分级选种、适期早播、覆膜精播、保匀增密、化控防倒、病虫综防、航化促熟、机械冬收等措施可实现提质增收。尤其是坚持合理轮作，利用抗病品种和实现品种多样性等，可减轻玉米大斑病、小斑病和金针虫、蛴螬等害虫的危害。通过秸秆粉碎还田或无害化处理，可降低病原菌、玉米螟的越冬基数，减轻病虫危害。

第一节 玉米病害

一、玉米大斑病

玉米大斑病又称煤纹病，几乎所有玉米产区均有发生。在大发生年份，一般减产15%～20%，严重的减产达50%以上。

［**病原**］*Exserohilum turcicum*（Pass.）Leonay & Suggs 为凸脐蠕孢属病菌，属半知菌亚门。

［**田间症状**］玉米大斑病主要为害叶片，严重时也为害叶鞘和苞叶。一般先从底部叶片开始发生，逐步向上扩展，但也常常出现从中、上部叶片开始发病的情况。严重时，全株所有叶片均可受害提早枯死。叶片上病斑初为小椭圆形、黄褐色或青灰色水渍状斑点，扩大后形成边缘褐色，中央黄褐色或青褐色的长纺锤形或梭形病斑。

［**侵染循环与发病条件**］病菌主要以菌丝体及分生孢子或由分生孢子形成的厚垣孢子在病残体中越冬，成为翌年初侵染源。在田间，病菌可在病部产生分生孢子，并随气流传播，进行多次扩大再侵染。

病害发生的程度受品种抗病性、轮作、气象条件和栽培条件等多因素影响。大面积种植易感病的杂交种是形成病害大发生的重要因素之一。在黑龙江省如 7～8 月温度偏低、多雨、日照不足，有利于大斑病的发生和流行。玉米种植过密、地势低洼、连作地，常发病重。

［**防治**］选育抗病品种，适期早播，避开病害发生高峰。施足基肥，增施磷、钾肥。及早中耕、培土，摘除底部 2～3 片叶，降低田间相对湿度，使植株健壮，提高抗病力。玉米收获后，清除田间秸秆，经高温发酵用作堆肥。实行合理轮作。

药剂防治：对于价值较高的育种材料及丰产田玉米，可在心叶末期到抽雄期或发病初期喷洒 50%多菌灵悬浮剂或 25%三唑酮可湿性粉剂 1 500 克/公顷＋酿造醋 1 500 毫升/公顷＋98%磷酸二氢钾2.5～3 千克/公顷或单喷 75%百菌清可湿性粉剂 1.8～2.1 千克/公顷；30%苯甲·丙环唑乳油 150～250 毫升/公顷。隔 10 天喷 1 次，根据病情发展可连续喷药 2～3 次。

二、玉米小斑病

［**病原**］平脐蠕孢属［*Bipolaris maydis*（Nisikado et Miyake）Shoem］，属半知菌亚门。

［**症状**］玉米整个生育期均可发病，但以抽雄、灌浆期发生较多。主要为害叶片，有时也可为害叶鞘、苞叶和果穗。病斑为椭圆形或纺锤形，较大，不受叶脉限制，灰色至黄褐色，病斑边缘褐色或边缘不明显，后期略有轮纹。在抗病品种上，出现黄褐色坏死小斑点，有黄色晕圈，表面霉层很少。在一般品种上，多在叶脉间产生椭圆形或近长方形斑，黄褐色，边缘有紫色或红色晕纹圈。有时病斑上有 2～3 个同心轮纹。多数病斑连片，病叶变黄枯死。叶鞘和苞叶染病病斑较大，纺锤形，黄褐色，边缘紫色不明显，病部长有灰黑色霉层，即病

原菌分生孢子梗和分生孢子。果穗染病病部生不规则的灰黑色霉，严重的果穗腐烂，种子发黑霉变。

［**传播途径和发病条件**］主要以休眠菌丝体和分生孢子在病残体上越冬，成为翌年发病初侵染源。分生孢子借风雨、气流传播，侵染玉米，在病株上产生分生孢子进行再侵染。发病适宜温度 26～29℃。产生孢子最适温度 23～25℃。孢子在 24℃下，1 小时即能萌发。遇充足水分或高温条件，病情迅速扩展。玉米孕穗、抽穗期降水多、湿度高，容易造成小斑病的流行。低洼地、过于密植荫蔽地、连作田发病较重。

［**防治**］清除田间秸秆，深翻土地，控制菌源；摘除下部老叶、病叶，减少再侵染菌源；降低田间湿度；增施磷、钾肥，加强田间管理，增强植株抗病力。

药剂防治：于发病初期叶面喷洒 50％多菌灵悬浮剂 1 500 毫升/公顷，或 75％百菌清可湿性粉剂 1 500～1 800 克/公顷，或 80％代森锰锌可湿性粉剂 1 500～2 250 克/公顷。从心叶末期到抽雄期，每 7 天喷 1 次，连续喷药 2～3 次。

三、玉米瘤黑粉病

玉米瘤黑粉病又称普通黑粉病。遍布世界各玉米产区，在中国广泛分布。北方比南方发生重。在黑龙江省各地普遍发生，造成不同程度的减产。此病发生愈早，对产量影响愈大，一般减产 10％以内。

［**病原**］*Ustilago maydis*（DC.）Corda 为黑粉菌属病菌，属担子菌亚门。

［**田间症状**］幼苗发病在茎基部形成菌瘿，使整个幼苗生长受到抑制，并出现分蘖现象。茎秆、果穗上菌瘿大小不等，外具白膜，扩大后白膜破裂，散出黑粉。雄花主梗上产生菌瘿后，主梗向菌瘿的相反方向曲折。雌穗被侵染后多在果穗上半部或个别籽粒上形成菌瘿，严重的全穗形成大的畸形菌瘿。叶片和叶鞘上菌瘿较小。

[侵染循环和发病条件] 病菌以冬孢子在土壤中越冬，此外可在粪肥中、残体上以及附在种子上越冬，冬孢子的生命力很强，可存活5～7年，越冬的冬孢子于适宜条件下萌发产生担孢子和次生担孢子。担孢子或次生担孢子经风、雨传播至玉米的幼嫩组织上或心叶内萌发、侵染、形成菌瘿，并在菌瘿中产生大量的冬孢子。冬孢子可靠风进行多次再侵染。在抽穗前后1个月内为玉米黑粉病的盛发期。一般的高温、高湿、连作有利于此病发生。

[防治]

(1) 农艺措施：及时清除田间菌源，割除菌瘿，烧掉病株，秋季深翻，减少或消灭初次侵染来源。混有玉米病残体的厩肥，一定要充分腐熟后再施用。合理轮作，可与小麦、大豆、谷子、高粱等作物轮作2～3年。

(2) 选育抗病品种：配制杂交组合时，应注意父母本的抗病遗传规律、病菌致病性变异产生新生理小种等问题。

(3) 药剂拌种预防：①每100千克种子用35%多·福·克悬浮种衣剂1 500～2 000毫升＋益护100毫升。②每100千克种子用40%萎锈·福美双悬浮种衣剂400～500毫升，加水1 600毫升＋益护100毫升。③每100千克种子用2%戊唑醇湿拌种剂400～600毫升＋益护100毫升。④每100千克种子用5%烯唑醇种子处理干粉剂400克加水1 000～1 500毫升＋益护100毫升。⑤每100千克种子用2.5%咯菌腈悬浮种衣剂150～200毫升或3.5%精甲·咯菌腈悬浮种衣剂150～200毫升＋益护100毫升＋0.136%赤·吲乙·芸薹可湿性粉剂（碧护）5克。

四、玉米丝黑穗病

该病在玉米种植区较为普遍，特别是东北、西北、华北和南方冷凉山区的连作玉米田发病重，发病率2%～8%，个别重病地块发病率高达60%～70%以上，对产量影响很大。

[病原] 丝轴团散黑粉菌［*Sporisorium holcisorghi*（Rivolta）

Vánky]，属担子菌亚门。

[田间症状] 该病是系统性病害，主要在成株期发病。雌穗发病后全穗变为一包黑粉，病穗失去原形；初期具有白膜包被，不久破裂散出黑粉（冬孢子），在黑粉包中夹杂有丝状寄主维管束的残余物。或变成刺猬形，不能结实，呈绿色角状长刺，丛生，使果穗畸形，不结实，有的基部有少量黑粉，有的无黑粉。雄穗发病后花器变形，呈角状长刺，丛生，不形成雄蕊，内部充满黑粉。

[侵染循环和发病条件] 该病为系统侵染病害，病菌主要以冬孢子在土壤、粪肥、种子上越冬。翌年从玉米的幼芽或幼根侵入，侵入幼苗后，病菌扩展蔓延进入生长锥，并随生长锥生长和扩展，直到穗期才可见到典型症状，在雄穗和雌穗内形成大量冬孢子。病害的发生程度与菌源数量和土壤温、湿度条件的关系极为密切。春季少雨干旱、连作地发病重。

[防治]

（1）农艺措施：①适期播种，过早播种，地温低，种子发芽和幼苗出土时间拖长，易受病菌侵害。②实行轮作，尤其病重田块，应与大豆、小麦、谷子等作物进行3～4年轮作。③除掉病株或病穗，在黑粉孢子尚未散出前，割除病株或摘除病穗，深埋或烧掉。减少越冬菌源，减轻来年的病情。④秋季深翻。

（2）选用抗病品种。

（3）药剂拌种：①25%三唑酮可湿性粉剂用种子重量的0.3%～0.5%拌种。②25%三唑醇干拌剂用种子重量的0.3%～0.5%拌种。③12.5%R-烯唑醇可湿性粉剂用种子重量的0.4%～0.8%拌种。

五、玉米茎基腐病

玉米茎基腐病又名青枯病，我国各玉米产区普遍发生。

[病原] 主要由腐霉菌和镰孢菌侵染引起。腐霉菌有瓜果腐霉[*Pythium aphanidermatum*（Eds.）Fitzpatrick]、肿囊腐霉（*Pythium inflatum* Matth.）、禾生腐霉（*Pythium gramineacola* Subramaniam)，属鞭毛菌亚门。镰孢菌有禾谷镰孢菌（*Fusarium graminearum* Schawbe)、串珠镰孢菌（*Fusarium moniliforme* Sheld)，属半知菌亚门。

[田间症状] 病害在玉米进入乳熟期发生，造成玉米整株叶片突然出现青灰色枯萎的早死现象，根和茎基部则呈水渍状腐烂，果穗常下垂。此症状与瓜果腐霉引起的玉米茎腐病不同。腐霉菌玉米茎基腐病一般在玉米拔节后至抽雄前的植株中部或近地表的茎节间发生局部性水渍状腐烂，组织软化，致使病株从腐烂部位倒折。

[侵染循环和发病条件] 病菌在土壤、病残体和种子上越冬，来年病菌借雨水飞溅进行传播，形成再侵染。品种间抗病性有显著差异。地势低洼积水，以及高温、多雨有利于病害的流行。

[防治]

(1) 农艺措施：加强栽培管理，增施钾肥，及时排除田间积水，深翻土地，控制菌源。

(2) 选用抗病品种。

(3) 药剂拌种：同玉米瘤黑粉病。

六、玉米弯孢霉叶斑病

玉米弯孢霉叶斑病又称黄斑病、拟眼斑病、黑霉病。近年来该病在东北地区发生有上升趋势。该病在玉米抽雄后扩展蔓延迅速，发病严重的可导致干枯，对产量影响很大。

[病原] *Curvularia lunata*（Wakker）Boed. 和 *C. inaeguacis* 为弯孢霉属病菌，属半知菌亚门。

[田间症状] 叶片病斑初为水渍状或淡黄色半透明小点，之后扩大为圆形、椭圆形、梭形或长条形病斑，病斑扩展常受叶脉限制。

[侵染循环和发病条件] 病菌以菌丝体或分生孢子潜伏于病残体上越冬，是翌年玉米田间发病的主要初侵染源，病残体上越冬的菌丝体可产生分生孢子，借气流和雨水传播到玉米叶片上侵染，并可进行再侵染。高温、高湿、低洼积水和连作地发病重。

[防治]

(1) 选育抗病品种。

(2) 农艺措施：合理轮作，合理密植。施足底肥，后期适时追肥，防止脱肥，提高植株抗病力。玉米收获后及时清理病株和落叶，并集中处理，减少初侵染源。

(3) 药剂防治：发病初期可用50%多菌灵悬浮剂1 500毫升/公顷，75%百菌清可湿性粉剂1 800～2 100克/公顷，25%丙环唑乳油500～600毫升/公顷，80%代森锰锌可湿性粉剂1 800～2 500克/公顷。每隔7天喷1次，连续2～3次。

七、玉米北方炭疽病

北方炭疽病又名眼斑病，主要分布于东北三省和云南等地，常与弯孢霉叶斑病混合发生，且两病症状相似，易混淆。

[病原] 玉蜀黍梗孢（*Kabatiella zeae* Narita et Hiratsuka），属半知菌亚门，球梗孢属。

[症状] 北方炭疽病自苗期至成株期都可发生，近成熟期多发于中上部叶片、叶鞘和苞叶上。病斑初生水渍状圆形褪绿小斑，后扩展为圆形、椭圆形、矩圆形斑点，大小为1～2毫米。病斑中央灰白色，边缘褐色、紫褐色，周围有狭窄的鲜黄色晕圈。后期病斑汇合成片，使叶片局部或全体枯死。北方炭疽病病原菌可侵染叶片中脉，此点与弯孢霉叶斑病不同。

[防治] 同玉米弯孢霉叶斑病。

第二节 玉米虫害

一、金针虫

金针虫主要有沟金针虫（*Pleonomus canaliculatus*）、细胸金针虫（*Agriotes fuscicollis*）、褐纹金针虫（*Melanotus caudex*）属鞘翅目，叩头虫科，成虫又名叩头虫，全国各地均有分布。为害小麦、玉米、高粱、马铃薯等，咬食种子、胚芽、根茎。

［生活习性及为害状］ 金针虫在黑龙江约3年1代，以成虫和幼虫在土中越冬。幼虫喜潮湿的土壤，一般在10厘米土温7～13℃时为害严重，7月上中旬土温升至17℃时即逐渐停止为害。幼虫一直伏于土中，为害特点是将种子、根、块茎等蛀食成小孔，致使死苗、缺苗，并可引起块茎腐烂。

［防治］

（1）农艺措施：对金针虫发生较重地块应采取秋季深翻地，或春季深松、深耙地，以减少越冬幼虫数量。

（2）药剂防治：

①药剂拌种：用40％甲基异柳磷乳油500毫升加水50～60千克，拌玉米、高粱种子500～600千克，混拌均匀，摊开晾干后即可播种，或35％克百威种衣剂用种子量的2％拌种。

②撒施毒土：每公顷用50％辛硫磷乳油1.5千克，拌细砂或细土375～450千克，在作物根旁开沟撒入药土，随即覆土。可防治多种地下害虫。

③灌根：用90％晶体敌百虫800倍液、50％辛硫磷乳油500倍液或40％毒死蜱乳油1 500倍液灌根，8～10天灌1次，连续灌2～3次。可防治地老虎、蛴螬和金针虫。

④5％辛硫磷颗粒剂每亩1.5千克拌入化肥中，随播种施入地下。

⑤60％吡虫啉悬浮种衣剂用种子量的0.5％拌种。

二、玉米螟

玉米螟［*Ostrinia furnacalis*（Guenée）］俗名钻心虫，成虫属鳞翅目螟蛾科，是玉米主要害虫。玉米螟以幼虫取食叶肉或蛀食未展开的心叶，造成“花叶”，抽穗后钻蛀茎秆，致雌穗发育受阻而减产，蛀孔处易倒折。穗期蛀食雌穗、嫩粒，造成籽粒缺损霉烂，品质下降，减产10％～30％。

［生活习性和为害状］ 成虫夜间活动，飞翔力强，有趋光性，喜欢

在生长茂盛的玉米叶背面中脉两侧产卵。初孵幼虫能吐丝下垂，先食植株幼嫩部分，后借风力转株为害，被害株心叶展开后，即呈现许多横排小孔，四龄以后，大部分钻入茎秆。雄穗被蛀，常易折断，影响授粉；苞叶、花丝被蛀食，会造成缺粒和秕粒；茎秆、穗柄、穗轴被蛀食后，形成隧道，破坏植株内水分、养分的输送，使茎秆倒折率增加，籽粒产量下降。高温、高湿有利于玉米螟的繁殖，为害常较重。

［**防治**］

（1）选用抗虫品种。

（2）农业防治：处理秸秆，减少越冬寄主，压低虫源基数，如沤肥、用作饲料、燃料等。合理轮作。

（3）物理防治：用黑光灯或频振式杀虫灯诱杀成虫。

（4）生物防治

①释放赤眼蜂。放蜂时间根据预测预报确定玉米螟发生期，掌握在玉米螟产卵期放蜂。放蜂量和次数根据螟蛾卵量确定。一般每667米^{2}释放1万～2万头，分两次释放。

②利用白僵菌治螟。白僵菌可寄生玉米螟幼虫和蛹。在早春越冬幼虫开始复苏化蛹前，对残存的秸秆，逐垛喷撒白僵菌粉封垛。方法是每平方米垛面，用每克含100亿孢子的菌粉100克，喷一个点，即将喷粉管插入垛内，摇动把子，当垛面有菌粉飞出即可。也可用每克含量80亿～100亿孢子的白僵菌粉加滑石粉或草木灰按1∶5充分混匀，每667米^2 1～2千克用机动喷粉器或手摇喷粉器喷粉。

③用Bt颗粒剂治螟。又称苏云金杆菌颗粒剂。于玉米心叶末期前撒入心叶里，每667米^{2}用700克。中午阳光太强时不宜施药；养蚕地区要注意防止蚕中毒。

（5）化学药剂防治：

①玉米大喇叭口期：幼虫在玉米心叶内取食为害时，用1%辛硫磷颗粒剂每667米^2 1～2千克，使用时加5倍细土或细河沙混匀撒入喇叭口。

②雄穗打苞期或雄穗10%抽穗时：选用2.5%高效氯氟氰菊酯水

乳剂300毫升/公顷、2.5%溴氰菊酯乳油300毫升/公顷、10%氯氰菊酯乳油450毫升/公顷，5%顺式氰戊菊酯乳油225～300毫升/公顷，48%毒死蜱乳油1 500～2 500毫升/公顷，对水叶面喷雾。加入益护150毫升/公顷＋98%磷酸二氢钾2 250～3 000克/公顷＋酿造醋1.5升/公顷，可起到健身防病、促熟增产作用，或用上述药液灌心。

三、斑须蝽

斑须蝽［*Dolycoris baccarum*（L.）］属半翅目蝽科，又名细毛蝽、斑角蝽、臭大姐。斑须蝽寄主范围较广，麦类、水稻、大豆、玉米、谷子、麻类、甜菜、苜蓿、杨、柳、高粱、菜豆、绿豆、蚕豆、豌豆、茼蒿、甘蓝、黄花菜、葱、洋葱、白菜、赤豆、芝麻、棉花、烟草、山楂、苹果、桃、梨、刺山楂、野芝麻、天仙子、梅、杨梅、草莓及其他森林和观赏植物等。

［生活习性和为害状］以成虫和若虫刺吸嫩叶、嫩茎及穗部汁液。茎叶被害后，出现黄褐色斑点，严重时叶片卷曲，嫩茎凋萎，影响生长，且易传播病毒，造成烂心。

［防治］

（1）农业防治：播种前或收获后，清除田间及四周杂草，集中烧毁或沤肥；深翻地、灭茬、晒土，促使病残体分解，减少虫源。

（2）药剂防治：用2.5%溴氰菊酯乳油225毫升/公顷＋70%吡虫啉水分散粒剂15～20克/公顷，或10%氯氰菊酯乳油225毫升/公顷＋70%吡虫啉水分散粒剂15～20克/公顷，对水叶面喷雾。

为防治由斑须蝽传播的病毒病，可加入2%宁南霉素水剂2 000～3 000毫升/公顷，或2%禾生素500～600毫升或益护浓缩液300毫升或0.136%碧护可湿性粉剂30克/公顷，对解除病毒危害和促进生长有很好的作用。

四、玉米蚜

玉米蚜（*Rhopalosiphum maidis* Fitch）属同翅目，蚜科，俗名

腻虫，寄主有玉米、高粱、小麦、狗尾草等。全国各地均有分布。

［**生活习性和为害状**］玉米蚜在黑龙江每年发生十几代，旬平均气温23℃，相对湿度85%左右最适生存。暴雨冲刷对玉米蚜发生有一定抑制作用。玉米蚜一般在玉米叶面上不易找到，有匿居于心叶为害的习性，随着新叶的展开，玉米蚜也随着陆续向新生的心叶集中，在展开的叶面上可见到密集的蚜虫空壳。当玉米抽雄后，则扩散到雄穗上繁殖为害，尤其在扬花期，由于气温适宜，营养丰富，蚜量猛增，对玉米为害也最重。蚜虫以刺吸式口器刺吸玉米汁液后，可分泌大量“蜜露”，于叶面上形成一层黑色霉状物，影响光合作用，果穗部受害，可使百粒重下降，影响产量，并传播病毒病造成减产。

［**防治**］

（1）农业防治：铲除田间杂草，减少虫源。

（2）药剂防治：可选用70%吡虫啉水分散粒剂15～20克/公顷、2.5%高效氯氟氰菊酯乳油225毫升/公顷、35%吡虫啉悬浮剂45～80克/公顷、2.5%溴氰菊酯乳油225毫升/公顷＋70%吡虫啉水分散粒剂15～20克/公顷、10%氯氰菊酯乳油225毫升/公顷或48%毒死蜱乳油600毫升/公顷，对水叶面喷雾。施药时加入喷雾助剂有利于药效发挥，在干旱条件下可获得好的防效。视虫情10天左右1次，防治2～3次。

（3）天敌防治：利用异色瓢虫、七星瓢虫、食蚜蝇、草蛉和寄生蜂等防治。

第三节　玉米田杂草防除

东北地区玉米田常发性杂草有稗草、狗尾草、金狗尾草、马唐、野黍、繁缕、苣荬菜、刺儿菜、问荆、鸭跖草、龙葵、藜、反枝苋等30余种。由于除草剂多年连续使用，且品种相对单一，一些耐药性杂草发生密度呈逐年上升趋势，如苣荬菜、刺儿菜、鸭跖草、问荆、卷茎蓼等。田间调查结果表明，玉米田杂草群落与20世纪80年代比发生较大变化，杂草防治难度增加，目前采取化学防治与农艺措施相结合的综合配套技术，可有效控制玉米田杂草危害。

一、农艺措施

合理轮作，减少伴生性杂草和多年生杂草危害；合理深翻、深松，降低如苣荬菜、刺儿菜、问荆等多年生阔叶杂草基数，减轻危害；及时中耕，提高灭草效果。

二、化学防治

(一) 除草剂品种选择

1. 常用除草剂配方

玉米田除草剂选择应以安全、高效、低残留、环保为原则，为提高药效、扩大杀草谱、减轻对玉米和下茬敏感作物的伤害，在生产中除草剂以混用为主，降低单剂用量。在春季土壤湿度适宜的条件下，除草剂的选择应以土壤处理为主，茎叶处理为辅。

表2-1 玉米田除草剂配方资料

药　剂	用药量［克（毫升）/公顷］	使用时间	注意事项和技术要点
90%乙草胺乳油+70%嗪草酮可湿性粉剂	土壤有机质2%～3%：1 500～1 800+300～400；土壤有机质3%～6%，1 800～2 100+400～500；土壤有机质6%以上，2 100～2 500+500～700	秋施、玉米播前、播后苗前	有机质含量低于2%的土壤不用嗪草酮。嗪草酮用量过大，出苗后降大雨，玉米易产生药害，重者死苗。有机质含量低、土壤湿度大用低量，反之，用高量。后作问题见第十八章
90%乙草胺乳油+75%噻吩磺隆水分散粒剂	土壤有机质6%以下：1 800～2 200+30～40；土壤有机质6%以上：2 000～2 500+30～40	玉米播前、播后苗前，移栽田移栽前	有机质含量低、土壤湿度大用低量，反之，用高量

（续）

药 剂	用药量［克（毫升）/公顷］	使用时间	注意事项和技术要点
96%精异丙甲草胺乳油+75%噻吩磺隆水分散粒剂	土壤有机质3%以下：1 500～1 800+30～40；土壤有机质4%以上：1 800～2 250+30～40	玉米拱土期、播后苗前，移栽田移栽前，覆膜田于播后覆膜前降低用量使用	有机质含量低、土壤湿度大用低量，反之，用高量
80%唑嘧磺草胺水分散粒剂+90%乙草胺乳油	60+1 500～2 250	秋施、玉米播前、播后苗前	有机质含量低、土壤湿度大用低量，反之，用高量。后作问题见第十七章
80%唑嘧磺草胺水分散粒剂+72%异丙草胺乳油	60+1 500～3 500	秋施、玉米播前、播后苗前	后作问题见第十七章
90%乙草胺乳油+900克/升2，4-滴异辛酯乳油	土壤有机质6%以下：1 800～2 200+750；土壤有机质6%以上：2 000～2 500+750～1 000	玉米播后苗前	沙土地不用，某些品种对2，4-滴敏感。宜播后早期施药，施药过晚有药害
4%烟嘧磺隆悬浮剂+38%莠去津悬浮剂	750～800+2 000	玉米苗后4～5叶期、杂草2～4叶期、多年生杂草6叶期以前	个别玉米品种对烟嘧磺隆敏感，使用前需做品种敏感性试验。后作问题见第十七章
75%噻吩磺隆水分散粒剂	20～40	玉米拱土期至苗后	
48%灭草松水剂	3 000	玉米苗后	
55%硝磺·莠去津水剂	1 200～1 500	玉米苗后茎叶喷雾	后作问题见第十七章

表 2-2 玉米除草剂使用时期和安全性资料表

除草剂	使用时期	玉米安全性	
		正常环境	不良环境
精异丙甲草胺	播前、播后苗前、拱土期	安全	轻微药害
异丙甲草胺	播前、播后苗前、拱土期	安全	轻微药害
异丙草胺	播前、播后苗前	安全	轻微药害
乙草胺	播前、播后苗前	安全	幼苗生长受抑制
2，4-D丁酯、2，4-D异辛酯	播后苗前	安全	幼苗畸形，药害严重
唑嘧磺草胺	播前、播后苗前	安全	安全
二甲戊灵	播前、播后苗前	安全	安全
嗪草酮	播前、播后苗前、苗后4～5叶期	安全	药害较重
灭草松	玉米拱土期至5叶期	安全	安全
噻吩磺隆	玉米苗前、拱土期、苗后3～5叶		安全，但个别敏感品种药害严重
莠去津	玉米播后苗前、拱土期、苗后3～5叶	安全	安全
烟嘧磺隆	玉米苗前、拱土期、苗后3～5叶	安全	药害，敏感品种减产，抗性较强的品种恢复快，影响小
硝磺草酮	玉米苗前、拱土期、苗后3～5叶	安全	药害，条件适宜1周后恢复
砜嘧磺隆	玉米苗后4叶期前	安全	玉米超过4叶期敏感

注："正常环境"指适宜作物生长的气象、栽培、施药等生态和人为环境条件；"不良环境"指不适宜作物生长的气象、栽培、生物灾害、不合理施药等情况。

2. 限制使用的除草剂品种

（1）2，4-D等激素类除草剂：玉米对这类除草剂的抗药性为双交种和农家种强于某些单交种、黏玉米、爆裂玉米、玉米自交系。随着玉米生产规模的不断扩大，单交种取代了农家品种、双交种，目前生产上推广的一些单交种对2，4-D类除草剂敏感，药害事件较多，所以玉米新品种上市之前需做对2，4-D类除草剂敏感性鉴定。在不明确种植品种对这类除草剂敏感性之前不推荐这类除草剂用于玉米苗后除草。推荐低量用于玉米播后苗前防除已出土杂草，72%2，4-D用药量每公顷不超过750毫升，药量过高易造成药害，药害症状甚至重于苗后，因为此时温度低、苗小且弱，抵抗能力差，特别是在质地疏松、有机质含量低的土壤，施药后遇低温或降雨，受害更重，与乙草胺、嗪草酮等混用会加重药害，在土壤有机质2%以下的沙质土、壤质土上可造成死苗。

（2）嗪草酮：玉米制种田不同品种父本、母本对嗪草酮敏感性差异较大，易产生药害。有机质低于2%的土壤、沙壤土、低洼地、覆膜玉米田不宜使用。玉米苗后使用嗪草酮易出现较重触杀性药害，应慎重使用。

（3）烟嘧磺隆：玉米品种间对烟嘧磺隆敏感性差异非常显著，多数甜玉米品种对烟嘧磺隆敏感，而少数玉米杂交种也比较敏感。在马齿型玉米杂交种中仅有极少数（＞5%）对烟嘧磺隆敏感。烟嘧磺隆适用于马齿型、半马齿型、硬粒型玉米，其安全性顺序为马齿型＞硬粒型＞爆裂＞甜玉米。对烟嘧磺隆中等敏感或敏感的品种，在不良环境条件下，如高温、低温、干旱、肥害、缺矿物质元素等，使用烟嘧磺隆或使用量过大有可能出现药害。

（二）难治杂草的防治

1. 皱叶酸模

（1）90%2，4-D异辛酯乳油450～600毫升/公顷，玉米播后苗前早期施药。

（2）75%噻吩磺隆水分散粒剂20～30克/公顷，玉米苗后施药。

2. 苣荬菜、刺儿菜

55%硝磺·莠去津悬浮剂1200～1800毫升/公顷，玉米3～5叶期施药。

3. 卷茎蓼、苍耳

（1）75%噻吩磺隆水分散粒剂20～30克/公顷，玉米3～5叶期施药。

（2）55%硝磺·莠去津悬浮剂 1200～1800 毫升/公顷，玉米 3～5 叶期施药。

（3）48%灭草松水剂 2 500～3 000 毫升/公顷，玉米苗后施药。

（三）除草剂施用技术

1. 秋季施药

（1）除草剂品种和配方选择：选择不易挥发、飘移的除草剂，如精异丙甲草胺、异丙甲草胺、异丙草胺、乙草胺、唑嘧磺草胺、嗪草酮等除草剂，两混、三混或混合制剂。用量比春季施药增加 10%～20%，岗地、水分少可偏高。低洼地、水分多可偏低。配方参考玉米田除草剂配方资料中的秋施药配方。

（2）秋施除草剂时间：秋季 9 月下旬气温降到 10℃以下即可施药，最好在 10 月中、下旬气温降到 5℃以下至封冻前。

（3）施药方法：施药前土壤达到播种状态，地表无大土块和植物残株，不可将施药后的混土耙地代替施药前的整地。施药要均匀，施药前要把喷雾器调整好，使其达到流量准确、雾化均匀、喷洒均匀，作业中要严格遵守操作规程。混土要彻底。混土用双列圆盘耙，耙深 10～15 厘米，机车速度每小时 6 千米以上，地要先顺耙一遍，再与第一遍呈垂直方向耙一遍，尽量耙深一些，耙后可起垄，注意不要把无药土层翻上来。喷药方法见“第十三章　农药田间喷洒技术”。

2. 播前施药

（1）除草剂品种和配方选择：同秋季施药。

（2）施药时间：玉米播种前。

（3）施用方法：同秋施药。

3. 播后苗前施药

（1）施药时间：玉米播种后出苗前施药，最好在玉米播后早期施药，以提高对玉米的安全性。

（2）施药方法：全田均匀喷雾，施药前要把喷雾器调整好，使其达到流量准确、雾化均匀、喷洒均匀，作业中要严格遵守操作规程。

施药后最好浅混土或培土 2 厘米，避免风蚀药剂和挥发损失，同时可提高一些除草剂对作物的安全性。喷药方法见“第十三章 农药田间喷洒技术”。

4. 苗后施药

（1）施药适期：玉米苗后施药一般在 3～5 叶期，禾本科杂草3～5 叶期，阔叶杂草 8 叶期前，多数杂草出齐时施药。施药过晚，杂草抗性增强，除草剂对玉米的安全性明显降低。如 2，4-滴超过玉米 5 叶期施药，会出现药害，表现为心叶扭曲，或心叶抽出不展开，严重影响产量。烟嘧磺隆施药时期超过 5 叶期，遇高温（30℃左右）易产生药害，表现为心叶打卷，展开后叶片中段白化，抑制生长。另外，施药要在早晚风小、气温低时进行，特别是施用苗后除草剂，适宜的施药条件为空气相对湿度 65%以上、温度高于 27℃以下、风速 4 米/秒以下，晴天上午 6 时前、下午 6 时后，最好在无露水条件下夜间施药。空气相对湿度低于 65%、温度高于 27℃或低于 15℃、风速大于每秒 4 米应停止施药。

（2）不同苗后除草剂施用后降雨间隔时间要求：施药后降雨对除草剂效果有一定影响，降雨 1～2 毫米可把水溶性的除草剂从植物叶面冲刷掉。各种除草剂被植物吸收的速度不同，施药后要求降雨间隔的时间也不同。玉米苗后施用除草剂降雨不影响药效的间隔时间见表 2-3。

表 2-3 玉米苗后施用除草剂降雨不影响药效的间隔时间表

除草剂名称	间隔时间（小时）	除草剂名称	间隔时间（小时）
莠去津	2	氰草津	2～3
灭草松	8	溴苯腈	1
氯氟吡氧乙酸	1	烟嘧磺隆	1
噻吩磺隆	1	百草枯	0.5
砜嘧磺隆	1	草甘膦	4
麦草畏	2～3	2，4-D丁酯、2，4-D异辛酯	2～3
甲酰氨基嘧磺隆	1	硝磺草酮	

注：影响药效的降雨量除草剂剂型为乳油的大于 10 毫米降雨，剂型为可湿性粉剂、水剂、悬浮剂的大于 5 毫米降雨。

表 2-4　玉米田除草剂杀草谱

除草剂	每公顷用制剂量［克(毫升)］	杂　草																					
		稗草	狗尾草	金狗尾草	酸模叶蓼	柳叶刺蓼	反枝苋	藜	龙葵	苍耳	狼把草	鸭跖草	鼬瓣花	香薷	苘麻	卷茎蓼	刺儿菜	苣荬菜	问荆	野黍	铁苋菜	风花菜	繁缕
96%精异丙甲草胺乳油	1 200～1 800	卌	卌	卌	卌	卌	卌	卌	++	—	++	卌	—	卌	—	—	—	—	—	卌	—	—	
72%异丙草胺乳油	1 500～3 500	卌	卌	卌	卌	卌	卌	卌	++	—	++	卌	—	卌	—	—	—	—	—	卌	—	—	
72%异丙甲草胺乳油	1 500～3 500	卌	卌	卌	卌	卌	卌	卌	++	—	++	卌	—	卌	—	—	—	—	—	卌	—	—	
90%乙草胺乳油	1 560～2 500	卌	卌	卌	卌	卌	卌	++	—	++	卌	卌	卌	+	—	—	—	—	—	卌	—	—	
70%嗪草酮可湿性粉剂	500～600	++	++	++	卌	卌	卌	卌	卌	++	卌	++	卌	卌	++	—	+	++	+	—	卌	++	
48%灭草松水剂	2 500～3 000	—	—	—	卌	卌	卌	卌	++	卌	卌	卌	++	卌	卌	卌	卌	卌	+	—	+	++	
38%莠去津悬浮剂		++	+	+	卌	卌	卌	++	卌	++	++	++	++	++	++	+	+	+	—	+	++	++	++
440 克/升烟嘧磺隆悬浮剂		卌	++	++	卌	卌	卌	++	++	卌	卌	+	++	卌		+	++	+	—	+	++	++	++
75%噻吩磺隆水分散粒剂	15～25	—	—	—	卌	卌	卌	卌	卌	卌	卌	卌	卌	卌	卌	卌	卌	卌	+	—	+		
10%硝磺草酮悬浮剂		卌	++	++	卌	卌	卌	卌	++	卌	卌	卌	++	卌		卌	++	+	+	++	++	++	++
72%2，4-滴丁酯乳油		—	—	—	卌	卌	卌	卌	卌	卌	卌	++	卌	卌	++	+	++	++	++	—		++	
90%2，4-滴异辛酯乳油		—	—	—	卌	卌	卌	卌		卌	卌	++	卌	卌	++	+	++	++	++	—		++	
80%唑嘧磺草胺水分散粒剂	75	—	—	—	卌	卌	卌	卌	卌	++	++	卌	++	卌	卌	卌	+	+	+	—	卌	卌	
33%二甲戊灵乳油	3 000～4 500	卌	卌	卌	—	—	卌	卌	—	—	—	—	—	—	—	—	—	—	—	+	—	—	

注：表中杀草谱是在正常环境条件下，除草剂推荐剂量下（黑龙江省）对杂草防除效果。

卌：防效 95%（含 95%）以上；++：防效 90%～95%；+：防效 80%～89%；—：防效 80%以下。

北方个别年份受早春低温、多雨或干旱等不良气象条件影响，玉米播期拖后，玉米出苗前或拱土期部分杂草已达最佳防治时期，需及时进行化学灭草。玉米拱土期应选择苗前土壤处理剂和苗后除草剂合理搭配使用，玉米出苗前可选用土壤处理剂与草甘膦、百草枯或苗后除草剂混用。混用前最好做可混性试验。可使用药剂参考“玉米除草剂使用时期和安全性资料表”。

第三章

大　豆

大豆是我国重要的粮油作物，随着农业技术的提高，大豆植保技术也快速发展。大豆田病、虫、草害防治提倡“预防为主，综合防治”。药剂选择以安全、高效、低残留、环保为原则。推广绿色植保技术，确保大豆产业优质、高产、高效和可持续发展。

第一节　大豆病害

一、大豆根腐病

大豆根腐病是东北大豆产区主要根部病害，尤其是黑龙江省三江平原地区发生最重。苗期发病影响幼苗生长甚至造成死苗，使田间保苗数减少；成株期由于根部受害，影响根瘤的生长与数量，造成地上部生育不良以至矮化，影响结荚数与粒重，从而导致产量下降。

［病原］大豆根腐病是由多种病原菌侵染引起的。镰孢属有尖孢镰孢菌［*Fusarium oxysporum* var. *vedolens*（Wouenum）Gerdon］、燕麦镰孢菌［*Fusarium aveneum*（Fr.）Sacc.］、禾谷镰孢菌（*Fusarium graminearum* Schw.）、茄腐镰孢菌［*Fusarium solani*（Martium）App. et Wr.］、立枯丝核菌（*Rhizoctonia solani* Kühn），属半知菌亚门。终极腐霉菌（*Pythium ultimum* Trow），属鞭毛菌亚门。另外还有紫青霉菌、疫霉菌等。

pH 为 5.5～6.5 的酸性、微酸性土壤中以尖孢镰孢菌、禾谷镰孢菌、茄腐镰孢菌、燕麦镰孢菌等根腐病致病病原菌为主。pH

6.5～7 的微酸性土壤中以终极腐霉菌、疫霉菌、立枯丝核菌等为优势致病菌。

［**田间症状**］一般主根受害，病部初为褐色至黑褐色或赤褐色小斑点，以后迅速扩大呈梭形、长条形、不规则形大斑，以致使整个主根变为红褐色或黑褐色、溃疡状，皮层腐烂，病部细缢，有的凹陷，重者因主根受害使侧根和须根脱落，使主根变成秃根。

［**侵染循环及发病条件**］大豆根腐病属于典型的土传病害。病菌以菌丝或菌核在土壤中或病组织上越冬，还可以在土壤中腐生。土壤和病残体是主要初侵染来源。

大豆重茬、连作，药害、肥害、虫害或过量施氮、低温冷害、除草剂使用过晚（超过 3 片复叶）等情况下，大豆幼苗组织柔弱，抗病能力下降，会加重根腐病的危害。土壤通透性差、土壤板结，低洼、潮湿地，大豆幼苗长势弱，发病重。

［**防治方法**］该病致病菌多为土壤习居菌，且寄主范围广，生产上主要采取农业防治、药剂防治相结合的综合防治措施。

（1）农业防治

①合理轮作。与禾本科作物实行 3 年以上轮作。

②实行垄作栽培。生育期间及时中耕管理，利于增温、降湿，促进地上茎基部侧生新根的形成，减轻病情。

③适时晚播。播深不能超过 5 厘米。

④平衡施肥。合理补充叶面肥，安全使用农药，保苗健壮，提高抗病能力。

（2）药剂拌种。大豆种衣剂应选择安全性好、配方合理、杀菌范围广、成膜性好、牢固度适中、储存稳定性好、持效期长的品种。

①每 100 千克种子用 35％多·克·福悬浮种衣剂 1 500 毫升。防治根腐病、根潜蝇、地老虎等地下害虫，并对中等以下发生大豆胞囊线虫有驱避作用。

②每 100 千克种子用 2.5％悬浮种衣剂咯菌腈 150～200 毫升，防治由镰刀菌和立枯丝核菌引起的根腐病。

③每100千克种子用2.5%咯菌腈悬浮种衣剂150毫升+35%精甲霜灵种子处理乳剂20毫升。防治由镰刀菌和立枯丝核菌、疫霉菌引起的根部病害。

在拌种时加入益护可提高幼苗抗病能力，延长控制根腐病时间。每100千克大豆种子用益护100～150毫升。

咯菌腈悬浮种衣剂加精甲霜灵或咯菌腈悬浮种衣剂单用用药量少，如要拌均匀需加水稀释，拌大豆加水不要超过种子量的1%。

由于药剂拌种后，药效只能维持15～25天，一定要采取中耕培土措施，以利侧生新根形成，利于防病。

含有人工合成植物生长调节剂的种衣剂易产生药害，低含量多·克·福种衣剂配比不合理，不推荐使用。不同种衣剂防治大豆根腐效果见表3-1。

(3) 生物防治

①每公顷大豆种子用1 500毫升大豆根保菌剂拌种。

②每100千克种子用2%宁南霉素水剂1 000～1 500毫升拌种。

③大豆根保菌剂颗粒剂，每公顷用30千克与种肥混施。

表3-1 不同种衣剂防治大豆根腐病药效

拌种剂 病原菌种类	咯菌腈	精甲霜灵	咯菌腈+精甲霜灵	宁南霉素	35%多·克·福	35%多·克·福+益护
尖孢镰刀菌芬芳变种	+	-	+	+	+	-
禾谷镰刀菌	+	-	+	+	+	+
茄腐镰刀菌	+	-	+	+	+	+
燕麦镰刀菌	+	-	+	+	+	-
终极腐霉菌	-	+	+	+	+	+
立枯丝核菌	+	-	+	-	+	+
褐秆病	-	+	+	+	-	-
紫青霉菌	-	-	-	-	-	-
有效期（天）	>70	25～30	25～30	25～30	25～30	50～60

注：+有防治效果；-无防治效果或防治效果差

二、大豆胞囊线虫病

大豆胞囊线虫病又名萎黄线虫病，俗名“火龙秧子”。在全国各地均有发生。在黑龙江省松嫩平原干旱地区发生较重。初期病株在田间呈点片状分布，后扩大成块状，可使整个地块植株矮化以致死亡，一般减产20%以上，重则绝产。

[病原] 胞囊线虫属（*Heterodera glycines* Ichinoche），属线虫动物门线虫纲。

[田间症状] 主要为害大豆根部，苗期及成株期均可发病。幼苗根部受害后，地上部叶片黄化，茎部也变淡黄色，生长受阻，以至造成幼苗死亡。成株期受害表现为叶片变黄，植株矮化，重者则停止生长，以至枯死。根部症状表现为主根和侧根发育不良，但须根不但发育好，而且须根增多，重者整个根系变成发状须根。根上长0.5毫米大小白色至黄白色的球状物（雌虫—胞囊）。被害株根部，根瘤少或无，又加根部表皮被雌虫胀破后受其他真菌或细菌为害，引起腐烂，使病株提早枯死。

[侵染循环和发病条件] 此病是以土壤传播为主的少循环病害。大豆胞囊线虫以卵在胞囊内于土壤中越冬。春季温度在16℃以上，卵发育孵化出二龄雌性幼虫，从寄主幼根毛侵入，在幼根皮层内营寄生生活，经4次蜕皮发育为雌成虫。雌成虫体膨大后突破寄主根部的表皮，虫体大部分露出体外，仅用口器吸着在大豆根上，即根上所见小米粒大小的白色球状物。发育成熟并露出体外的雌虫与土壤中的雄虫进行交尾，完成1代的发育过程。当遇秋季环境不适时包被卵的卵囊外膜变硬即线虫胞囊。线虫在土壤中仅能作短距离的移动，活动范围很小。线虫的传播，在田间主要是农业机械作业，如耕翻播种、中耕培土、收割等，将病区土壤传入无病区。其次是灌、排水以及大风对土壤风蚀，引起沙尘飞扬等。

胞囊线虫病在通气良好的土壤发病重，在偏碱性的土壤内线虫发生重，多年连作地发病重。

［防治］

(1) 做好种子检验。避免线虫的胞囊或含胞囊土粒、土块与种子混杂，进行远距离传播，无病田特别重要。此外，机械作业，如耕作、播种、施肥、中耕培土、收割以及田间运输等也可造成远距离传播，应做好隔离。

(2) 选用高产、优质的抗线虫或耐线虫的大豆品种。

(3) 合理轮作。因线虫在土壤中可以存活 7～10 年，据报道至少轮作 5 年以上，减产幅度小。可与非寄主植物，如禾本科作物（小麦、玉米等）、线麻（大麻）、水稻进行轮作效果明显。

(4) 合理补充营养，提高抗病力。厩肥等有机肥，必须通过高温发酵腐熟后才能施入大豆田，以免线虫或其他病原菌传入大豆田，减轻为害。

(5) 药剂防治

①种衣剂拌种。35%多·克·福悬浮种衣剂大豆种衣剂拌种，对大豆胞囊线虫只有驱避作用，驱避作用时间 10～15 天，可推迟第一代侵染，减轻为害。所以，此法并非防治线虫的主要措施，只能用于中等偏轻的田块。

克百威用量大时易造成大豆药害；用量低，防病虫效果会下降。用种衣剂拌种，每千克大豆种子用克百威有效量 2.4 克即产生药害。低温加重药害。症状为大豆子叶边缘红褐色，真叶小而呈圆形，叶边缘红色，有的叶干枯、脱落，茎细弱，根弯曲，须根少或不长须根。因此使用含克百威大豆种衣剂应精确控制用量，种衣剂拌种要保证均匀一致。

②土壤施药。3%克百威颗粒剂每公顷用 45～75 千克与大豆种子、肥料混播，对大豆安全。适用于中等以下发病田，可有效抑制第一代大豆胞囊线虫，并可兼治潜根蝇、蛴螬等地下害虫。

(6) 生物防治

①拌种。每公顷所需大豆种子用大豆保根菌剂（主要含淡紫拟青霉）用液剂 1 500～2 250 毫升拌种，以高剂量防效更好。

②土壤施药。大豆保根菌颗粒剂，每公顷 1 050 千克与种肥混施。

(7) 诱抗大豆胞囊线虫。大豆胞囊线虫为害使作物代谢紊乱，营养不良，抑制生长，选用功能性植物营养剂，平衡营养，促进生长，控制为害。

用甲壳素拌种、灌根、喷雾，可诱导大豆产生甲壳素酶、壳聚糖酶、葡聚糖酶、植物保护素、木质素、苯丙氨酸解氨酶（PAL）、过氧化物酶（POD）、多酚氧化酶（PPO）、异黄酮、甲壳素酶、β-1，3-葡聚糖酶等，即可有效防治大豆胞囊线虫，并对大豆菌核病、根腐病（丝核菌、腐霉菌、镰孢菌、褐秆病）等有一定抑制作用。

碧护含有 10 种中微量元素，8 种植物内源激素，20 多种氨基酸，11 种黄酮类物质，可诱导大豆产生过氧化物酶、PR-蛋白、甲壳素酶、蛋白酶、β-1，3 葡聚糖酶等，可平衡营养，促进生长。

①拌种。100 千克大豆种子用碧护 5 克加 4%甲壳素（禾生素）100 毫升与种衣剂混合拌种。

②苗期喷雾。4%甲壳素 1 500 毫升/公顷。或 4%甲壳素750～1 200毫升/公顷＋碧护 45～75 克/公顷；4%甲壳素 750～1 200 毫升/公顷＋益护 450～600 毫升/公顷。使用时期为大豆苗期 1～2 片复叶，3～4 叶期（开花前）喷雾。多次使用有积累增效作用。

大豆胞囊线虫发生严重地块还可用 4%甲壳素（禾生素）水剂 1 000倍液＋碧护 10 000～20 000 倍液灌根。

三、大豆菌核病

大豆菌核病又名白腐病，全国均有发生。20 世纪 60 年代在黑龙江省东部地区发生较重，70～80 年代仅在局部地区个别豆田发生，进入 90 年代以后，由于向日葵、油菜、小杂豆、麻类等种植面积扩大，使菌核病在豆田发生逐年加重，尤其 2002 年黑龙江省夏、秋季低温、多雨，使大豆菌核病发生特重，有些大豆田菌核病病株率高达 50%以上。

［**病原**］核盘菌属［*Sclerotinia sclerotiorum*（Lib）de Bary］，属子囊菌亚门。此菌寄主范围特广，除侵染大豆外，还可侵染向日葵、油菜等十字花科蔬菜、小豆、绿豆、菜豆等豆科植物以及胡萝卜等64科300多种植物。

［**田间症状**］大豆苗期到成株期均有发生，尤其开花、结荚后为害较重。为害茎秆，产生暗褐色不定形或条状病斑，扩大后可绕茎一周成一段段病斑，造成茎腐；也可产生苗枯、叶腐、荚腐等症状。病部先表现深绿色湿腐状。潮湿条件下可产生白色棉絮状菌丝体，逐渐使病部变白，进而在被害部内外产生黑色鼠粪状菌核。

［**侵染循环和发病条件**］病菌以菌核在土壤中和病残体中越冬，是主要初侵染来源。病菌在土壤中可存活2年。混杂于种子间的菌核，可随种子进行远距离传播，也可引起初侵染。如在潮湿土壤中存活时间较短。气候适宜，土壤表层的菌核陆续萌发产生子囊盘，子囊成熟后可弹射出大量子囊孢子，进行初侵染。子囊孢子借风、雨传播。孢子外有黏液，可黏附于寄主组织上。条件适合，孢子萌发，从伤口或角质层侵入寄主。尤其衰老叶片和衰弱的茎以及凋萎的花朵最易被病菌侵染。子囊孢子在田间可存活12天。该菌不产生无性孢子，但可以菌丝体接触，进行再侵染。所以，倒伏可使大豆病株上菌丝接触健株而加重病情。病菌侵染寄主后，可分泌果胶酶、纤细素酶和毒素，使病部软化腐烂。地表温度直接影响菌核的萌发和子囊盘的形成和成熟。湿度则影响子囊孢子的萌发和侵入。地势低洼、长期积水、田间郁闭易发病。黑龙江省一般在大豆花期遇多雨天气，田间湿度85％以上，温度20～25℃，菌核病子囊孢子就会迅速萌发为害，持续3～5天就会大发生。

［**防治**］此病在大豆田主要由初侵染引起发病，再侵染机会少。防治重点为减少菌源，防止初侵染发生。

（1）合理轮作与邻作　病菌寄主范围广，必须防止大豆连作或与向日葵、油菜、小杂豆（芸豆、小豆等）、麻类（亚麻等）进行轮作和邻作，应与禾本科作物麦类、玉米、谷子等轮作3年以上。

（2）发病田在收割后进行深翻。将地表菌核埋入土壤深层，并将病残体（豆秆等）集中烧毁，减少菌源。

（3）大豆出苗后及时中耕培土。不但可以促使侧生根形成，减轻根腐病为害，还可将菌核埋入土壤深层，或将菌核萌发的子囊盘切断，减轻病情。

（4）药剂防治。大豆 2～3 片复叶期是菌核病防治的适当时期。如长期干旱、无雨，可适当推迟防治至发病初期，出现田间中心病株时，在气象预报的基础上防治。

①50%腐霉利可湿性粉剂 1 500 千克/公顷，对水喷雾。

②50%乙烯菌核利水分散粒剂 1 500 克/公顷，对水喷雾。

③40%菌核净可湿性粉剂 750～1 000 克/公顷，对水喷雾。

④25%咪鲜胺乳油 1 050～1 500 毫升/公顷，对水喷雾。

一般于发病初期进行 1 次，7～10 天后再喷 1 次。喷雾一定要均匀周到，才能获得较好效果。

（5）诱导抗病。大豆 2～3 片复叶期使用 4%禾生素 750～1 200 毫升/公顷＋益护 450～600 毫升/公顷，喷雾。

四、大豆灰斑病

大豆灰斑病又称为斑点病、蛙眼病、斑疹病，是北方大豆田常见病害之一。受害叶片可布满病斑，造成叶片提早枯死，产量、品质、含油量和蛋白质含量均降低。

［**病原**］*Cercosporidium sojinum*（Hara）Liu et Gul 为短胖孢属病菌，属半知菌亚门。此菌寄主范围窄，只能寄生大豆和野大豆。此菌有生理分化现象。据黑龙江省农业科学院（1988 年）用 6 个鉴别寄主确定出 11 个生理小种。黑龙江以 1 号小种占优势，其次为 7 号和 10 号小种。

［**田间症状**］幼苗子叶上病斑圆形、半圆形或椭圆形，深褐色，略凹陷。天气干旱病斑不扩大。苗期低温、多雨，子叶上病斑则迅速扩延到幼苗生长点，使幼苗顶芽变褐枯死。成株期叶片病斑圆形、椭

圆形或不规则形，中央灰色，边缘褐色，病斑与健全组织分界明显，似蛙眼状。气候潮湿时，病斑背面生密灰色霉状物，为病菌分生孢子梗及分生孢子。严重时叶片布满病斑，并可相互合并，使叶片干枯。茎秆病斑为圆形、椭圆形或梭形，中央灰色，边缘黑褐色，并有不太明显的霉状物。豆荚病斑圆形或椭圆形，扩大后可呈纺锤形，灰褐色，因荚上多毛，不易看到霉状物。豆粒轻病粒只生褐色小斑点，重者病斑圆形或不规则形，中部灰色，边缘暗褐色，似蛙眼状。严重时病部表面粗糙，可突出表面，并生细小裂纹。

［侵染循环和发病条件］大豆灰斑病以菌丝体在种子和病残体上越冬。播种带病种子，病菌侵染为害子叶，造成幼苗发病。发病子叶产生的分生孢子，借气流传播，为害成株。在病残体内越冬的菌丝体，在温、湿度适宜时，产生分生孢子，借风、雨传播，可进行多次再侵染，直接为害成株期的叶片和茎部。结荚后病菌侵染豆荚和豆粒。种子带菌量高，幼苗子叶、单叶发病重；播种后出土前，土壤过于潮湿，苗期子叶、单叶上发病常重。成株期发病轻重，与品种抗性、田间菌源数量、气象条件关系密切。如大面积种植感病品种，遇多雨年份，常发生重。大豆连作发病重。

［防治］

（1）选育高产优质的抗病品种。

（2）农业措施

①避免低洼地栽培，实行垄作栽培。

②收割后清除田间病株残体，并进行深翻，以减少菌源。

③进行大面积轮作。除大豆外，任何作物均可进行 2 年以上轮作。

④及时进行中耕培土与除草，以及排除田间积水，减轻病情。

（3）种子清选和处理。播前彻底清除灰斑病粒，并进行药剂拌种。一般用 50%多菌灵可湿性粉剂或福美双可湿性粉剂，按用种重量 0.3%的药量拌种，对保苗与苗期病害防治效果好。

（4）药剂防治。70%甲基硫菌灵可湿性粉剂 1 500 克/公顷或

50%多菌灵可湿性粉剂 1 500 克/公顷、80%多菌灵可湿性粉剂 750 克/公顷、40%多菌灵胶悬剂 1 500 毫升/公顷、50%甲基硫菌灵胶悬剂 1 200～1 500 毫升/公顷。在病害初发期、荚期各喷 1 次。

（5）生物防治。1%武夷菌素水剂 100～150 倍液，于发病初期叶面喷雾。

五、大豆霜霉病

大豆霜霉病在全国大豆产区均有发生，而以东北、华北发生普遍，尤以冷凉多雨的黑龙江省松嫩平原地区发生重，一般减产 6%～15%，重病年可减产 50%以上。叶部发病可造成叶片提早脱落。种子受害，可导致千粒重下降，发芽率降低。

［病原］ 霜霉属［*Peronospora manshurica*（Naoun.）Syd.］属鞭毛菌亚门。该病菌寄主范围较窄，只能在大豆和野生大豆上寄生。病菌存在明显的生理分化现象，我国黑龙江省采用十二个国际鉴别寄主，将病菌分为 3 个生理小种。暂命名为中国 1 号、2 号和 3 号小种。

［田间症状］ 带病种子可直接引起幼苗发病，一般幼苗子叶不显病症。当真叶展开后，从真叶叶片基部开始沿叶脉出现大片褪绿斑块，其他复叶上也有相类似的症状，以后全叶变黄而枯死。天气潮湿时，叶片病斑背面密生很厚的灰白色霉层，即病菌的孢囊梗和孢子囊。受害重的幼苗生长矮小，瘦弱，叶皱缩以至枯死。成株复叶上的病斑散生圆形或不规则形的褪绿黄斑，后期变黄褐色、不规则形或多角形枯斑，病、健部分界明显，发病重时很多病斑可汇合成更大的块状病斑，其病斑背面也布满灰白色霉层。病叶枯干后，可引起提早落叶。豆荚上病斑表面无明显症状，剥开豆荚，其内部可见不定形的块状斑，其上可见灰白色霉层。病粒表面全部或大部变白，无光泽，其上黏附一层黄灰色或白色霉层，即病菌的卵孢子和菌丝。

［侵染循环和发病条件］ 病菌以卵孢子在种子和病残体中越冬。播种带菌种子，卵孢子随种子发芽而萌发，侵入大豆的胚轴进入生长

点，菌丝可蔓延到幼苗真叶及腋芽，形成半系统侵染。病粒形成病苗的几率很低，仅10%～15%。这些病苗可成为田间的中心病株。中心病株可产生大量孢子囊，借风、雨传播，从气孔或叶片表面侵入寄主，潜育期7～10天，症状即表现，以后病部又形成大量孢子囊，再借风、雨传播，进行多次再侵染。越冬于病残体上病菌，翌年春侵染大豆叶片，借风、雨传播，进行多次再侵染。大豆结荚后，病菌进一步侵染豆荚和豆粒。生育后期，病粒和病残体上菌丝产生卵孢子进行越冬。

据调查，大豆展叶5～6天最易感病，展叶8天后则抗病。成株期，大豆开花后，多雨、高湿，雾、露天多，温度高低交替常发病重。另外，品种抗性高低与种子带菌率、叶部发病轻重有关。

［防治］

（1）选用抗病品种。由于品种抗病性差异明显，应选用高产、优质抗病品种，如绥农6号、合丰25、黑农21等。

（2）建立无病田留种。种子中如有病粒，应选出无病种子种植，也可进行种子处理。拌种用药为25%甲霜灵（瑞毒霉）可湿性粉剂，每1 000克种子用3克药剂湿拌种（种子重量的0.3%）或35%甲霜灵拌种剂，每1 000克种子用药2克湿拌种（种子重量的0.2%）。

（3）合理轮作。除大豆外，可与其他任何作物轮作2年以上。

（4）消灭病株残体。如耕翻，将病残体埋入土壤深层内，消灭菌源。

（5）合理增施磷、钾肥。

（6）药剂防治。25%甲霜灵可湿性粉剂1 500克/公顷，或64%噁霜锰锌可湿性粉剂2 000克/公顷，于发病初期对水喷雾。

六、大豆褐纹病

大豆褐纹病又名斑枯病。中国大豆主产区均有发生，尤以黑龙江省三江平原地区发生较重，并有逐年加重之势。该病从苗期到成株期均可发病。据调查，发病重的豆田，病叶率可达95%以上，从而导致大豆叶片因病早枯，提前落叶，从而影响大豆正常生育，造成大幅度减产。

[病原] 壳针孢属（*Septoria glycines* Hemmi），属半知菌亚门。此菌寄主范围窄，只能寄生大豆、野生大豆和绿豆。

[田间症状] 幼苗子叶上病斑圆形，在子叶边缘成半圆形，黄褐色，略凹陷，后期在病斑的枯死部分产生轮纹，病斑上散生小黑点，即病菌的分生孢子器。复叶上病斑多角形或不规则形，褐色或赤褐色，后期变成黑褐色，中央灰色，稍隆起，表面散生小黑点。发生重的叶片上多斑可联合成褐色斑块，使整个叶片变黄，以致造成叶片过早脱落。在田间表现为底部叶片先发病，逐渐向中、上部叶片扩展，造成全株叶片自下向上，层层变黄、脱落。茎秆病斑长条形或不规则形，颜色较叶部深，呈暗褐色，边缘不清晰，黑点不明显。豆荚病斑不规则形，褐色，其上呈小黑点，但不清晰。

[侵染循环和发病条件] 病菌以菌丝或分生孢子器在病叶等病残体上越冬。越冬后病叶上的分生孢子器是病菌主要初侵染源。分生孢子可以从伤口、气孔及直接穿透寄主表皮侵入，引起初侵染。据报道，病菌也可以菌丝在种子上越冬。翌年带菌种子可以引起幼苗子叶和单叶发病。病斑上产生的分生孢子，也可借风、雨传播，进行扩大再侵染。大豆连作地常发病重。在黑龙江省春季气温偏低，多雨、高湿、日照时数少，大豆生育前期叶片发病重，开花结荚后，降温较快，又遇多雨，高湿，大豆生育后期叶、荚、粒发病均较重。

[防治]

（1）减少初侵染源　收割后清除田间病叶及其他病残体，并进行深翻，以减少菌源。如留作烧柴豆秸，应拉出田外，并应于雨季之前烧光。

（2）轮作　除大豆、绿豆外，与其他作物进行2年以上轮作。

（3）避免低洼地栽培　及时排除田间积水，降湿、增温，提高大豆抗病性。

（4）药剂防治　50%多菌灵可湿性粉剂（或40%胶悬剂）1 500克/公顷或70%甲基硫菌灵可湿性粉剂1 500克/公顷，对水喷雾。发病前及中、后期各进行 1 次药剂防治。

七、大豆轮纹病

大豆轮纹病在全国大豆产区均有发生。但在东北、华北地区发生较重。为害幼苗、叶片、茎秆、荚、粒，可造成早期落叶以致不结荚，严重影响产量和品质。

［**病原**］*Ascochyta glycines* Miura 为壳二孢属病菌，属半知菌亚门。本菌寄主范围窄，只侵染大豆。

［**症状**］整个生育期均可发生，但主要为害叶片。叶片病斑初为褐色小斑，扩大后呈圆形或近圆形，中央灰褐色，边缘深褐色；后期中央变灰褐色，边缘深褐色，并有同心轮纹。后期轮纹上有小黑点，即病菌分生孢子器。一般病斑较薄，易破裂穿孔。

［**侵染循环和发病条件**］病菌以菌丝体和分生孢子器在病株残体内越冬，成为第二年的初侵染来源。翌年产生器孢子，借风、雨传播侵染叶片。一般多从底部叶片开始逐渐向上扩展，常造成豆株底叶穿孔或提早脱落。开花结荚后，则相继为害豆荚与豆粒。一般大豆连作地、低洼地发病重。在东北地区 7～9 月为雨季，如此期降雨多、雨次多，田间湿度大，有利此病发生，反之则轻。

［**防治**］

（1）合理轮作　此菌寄生范围窄，可与任何作物进行 2 年以上轮作。

（2）大豆收割后及时进行秋翻地　消灭菌源，对留做烧柴用的豆秸，应及时拉出田间，并于翌年雨季（7 月）开始以前烧完为宜。

（3）选用无病田留种　淘汰病种子后，选用无病种子种植。

（4）选用发病轻的品种种植

（5）药剂防治　见灰斑病。

八、大豆灰星病

大豆灰星病在全国均有发生，尤其东北发生普遍而重，发生后常引起叶片早落，影响产量。

［病原］ 无性态 *Phyllosticta sojaecola* Massal 为叶点霉属病菌，属半知菌亚门。

［田间症状］ 叶片病斑圆形、卵圆形或不规则形，直径 2～5mm，初为淡褐色，有极细的暗褐色边缘，后期病斑呈灰白色，故称灰星病。病斑有明显的小黑点，即病菌的分生孢子器。豆荚病斑圆形，有淡红色边缘。叶柄、茎上病斑长形，淡灰色或黄褐色，具淡紫色或褐色边缘。

［侵染循环］ 此病为气流传播为主，多循环病害。病菌主要以分生孢子器在病株残体上越冬，成为翌年的初侵染来源。来年环境适合，病斑上产生分生孢子，借风、雨传播进行多次再侵染。在冷凉、湿润的气候条件下，发病重，可引起早期落叶。

［防治］

（1）选用发病轻品种种植。

（2）进行深翻，将病株残体深埋土壤深层，消灭菌源。

（3）合理轮作。因本菌只侵染大豆，所以可选用任何作物进行 2 年以上轮作。

（4）药剂防治。见灰斑病。

九、大豆褐斑病

大豆褐斑病又名叶斑病。在全国大豆产区均有发生，在东北、华北发生普遍，由于只为害叶片，可造成叶片提前枯死而早落。

［病原］ *Mycosphaerella sojae* Hori 为球腔菌属病菌，属子囊菌亚门。

［病状］ 只为害叶片。叶片病斑不规则形，淡褐色或灰褐色，边缘深褐色，与健部分界明显，最后病斑干枯，色变浅，呈灰白色，病斑上有明显小黑点，即病菌子囊壳。

特征：病斑淡褐色，黑点明显，但没有暗褐色细边；灰星病病斑为灰白色，黑点也明显，并有暗褐色极细的边缘。

[侵染循环] 气流传播，多循环病害。病菌以子囊壳在病叶内越冬，成为来年初次侵染来源。来年环境适宜，以子囊孢子进行初侵染。秋季，病叶上产生子囊壳进行越冬。

[防治]

(1) 清除田间病叶，并进行秋翻，将病残体埋入土层深层，减少菌源。

(2) 合理轮作。可与任何作物轮作 2 年以上。

(3) 选用发病轻的品种。

(4) 药剂防治。见大豆灰斑病。

十、大豆茎枯病

大豆茎枯病主要发生于北方大豆产区，发生普遍。但由于多发生于大豆生育中、后期，对植株生长无明显影响，而对个别品种影响较大，尤其中、晚品种，影响千粒重的提高。

[病原] *Phoma glycines* Sawada 为茎点霉属病菌，属半知菌亚门。

[症状] 主要为害茎秆。茎秆上初生长椭圆病斑，灰褐色，后逐渐扩大呈一块块灰黑色长条病斑，重者可绕茎一周，使茎秆变为黑色。病部小黑点（分生孢子器）不清晰。初发生于茎秆下部，逐渐蔓延到茎中、上部以至顶端。当落叶后，茎秆上症状最为明显。

[侵染循环] 此病属气流传播，多循环病害。病菌以分生孢子器在病茎上越冬。来年产生新的分生孢子进行初侵染。病茎上产生新的分生孢子器，散放的分生孢子可以借风、雨传播，进行多次再侵染。秋后又以分生孢子器在大豆茎秆上越冬。

[防治] 因为对此病未进行系统研究，对发病条件未见报道，只能根据此病系气流传播、多循环病害的特点，应采取下列措施进行防治。

(1) 消灭病残体。尤其大豆茎秆更应处理，一般可将病豆秆，在大豆春播前烧毁。

(2) 秋、春翻地，将病株残体深埋于土壤深层，减少菌源。

(3) 大豆不要连作，可与任何作物轮作 2 年以上。

十一、大豆紫斑病

大豆紫斑病在全国均有发生，但南方比北方发生重。由于此病以豆粒受害为主，一旦发病，不但影响产量，而且影响品质。重病粒由于粒表龟裂，瘪小，不能发芽。叶片感病，导致叶片提早枯死。

［病原］ *Cercospora kikuchii*（Matsumoto et Tomoyasu）Chupp 为尾孢属病菌，属半知菌亚门。该菌只侵染大豆。

［田间症状］ 此病主要为害豆粒和豆荚，也能侵染茎秆和叶片。豆粒上症状多呈紫红色。病轻时在种脐周围形成淡紫色斑块，病重时整个豆粒变成紫色，并常龟裂，粗糙。此外，由于受害时期及种皮营养不同，除紫色外，还有些豆粒上呈现褐色或黑褐色斑块。豆荚病斑近圆形或不规则形，灰黑色，干燥后变黑色。病荚内层的病斑为不定形，紫色明显，内浅，外深。茎秆病斑初为梭形，红褐色，以后病斑呈长条块斑，紫或黑紫色。

［侵染循环与发病条件］ 病菌以菌丝体或子座在豆粒或病株残体上越冬，成为翌年初侵染来源。播种病粒后，病菌从种皮发展到子叶，产生大量的分生孢子，借风、雨传播到叶片上进行再侵染。以后再从叶片侵染到茎、豆荚等部，可进行多次再侵染。秋收后，病菌则在病种子及病残体上越冬。

大豆开花期和成熟期的气候条件与紫斑病粒多少有密切关系。所以，大豆结荚以后，多雨、高温有利此病发生，病粒多。

［防治］

（1）选用发病轻的品种。据报道，一般抗病毒的品种，也抗紫斑病。

（2）严格选种。最好于无病田选留种子。

（3）种子处理。50％福美双可湿性粉剂用种子重量的 0.3％湿拌种。

（4）合理轮作。因此菌寄主范围窄，可与任何作物进行 2 年以上轮作。

（5）进行病株残体处理或深秋翻地，均可减少菌源。

（6）田间药剂防治见灰斑病。

十二、大豆疫霉根腐病

大豆疫霉根腐病又名大豆疫病、大豆疫霉病，是重要植物检疫对象。是为害美国大豆生产的重要病害之一，高感品种受害几乎绝产。该病最早于1948年在美国印第安纳州东北部发现，以后相继在澳大利亚、加拿大、匈牙利、日本、阿根廷、前苏联、意大利和新西兰，中国黑龙江省也发现此病。

［**病原**］*Phytophthora sojae* M. J. Kaufman &j. W. Gerdemann. 为疫霉属病菌，属鞭毛菌亚门。

［**田间症状**］出苗前引起种子腐烂。出苗后由于根或茎基部腐烂而萎蔫或立枯，根变褐，软化，直达子叶节。真叶期发病，茎上可出现水渍斑，叶黄化、萎蔫、死苗。侧根几乎全腐烂，主根变为深褐色（咖啡色）。成株发病，下部叶片脉间变黄，上部叶片褪绿，植株逐渐萎蔫，叶片凋萎而仍悬挂植株上。后期病茎的皮层及维管束组织均变褐。耐病品种被侵染后仅根部受害，病苗生长受阻。抗病品种仅茎部出现长而下陷的褐色条斑，植株一般不枯死。

Phytophthora 引起的根腐症状往往易与 *Pythium*、*Fusarium* 和 *Rhizoctonia* 引起的根腐症状相混淆，所以单凭症状鉴别大豆疫霉根腐病很不可靠。

［**侵染循环和发病条件**］该病为典型土传病害。初侵染主要来源于土壤中大豆残体上的卵孢子。卵孢子在土中可存活多年，条件适宜萌发形成孢子囊，当土壤水分饱和时，孢子囊产生大量游动孢子。游动孢子附着于种子或幼苗根上，进而萌发侵染。生长季节中病组织上可以迅速不断地形成孢子囊，并萌发形成游动孢子进行再侵染。在大豆生长期内可进行多次再侵染。但大豆苗期最感病，随着植株生长发育，大豆抗病性也随之增强。该病的发生与流行主要决定于品种抗病性、土壤湿度、栽培方法和耕作制度等。田间长期积水常发病重。

[防治]

(1) 选用抗、耐病大豆品种。

(2) 耕作栽培措施。适期播种，保证播种质量，合理密植，宽行种植，及时中耕，增加植株通风透光。

(3) 药剂拌种。每 100 千克种子用 2.5%咯菌腈悬乳种衣剂 150 毫升+35%精甲霜灵 20 毫升+益护 100～150 毫升。

(4) 加强检疫。因病菌可随种子远距离传播，要做好种子调运的检疫工作。

十三、大豆羞萎病

该病主要分布在黑龙江、吉林、湖北等地。该病黑龙江省部分地区发生较重，严重发生地块可造成减产 50%以上。

[病原] *Septogloeum sojae* Yoshii et Nishizawa 为黏隔孢属病菌，属半知菌亚门。

[田间症状] 病菌侵染为害大豆各部位。幼苗受害，生长受到严重抑制，早期枯死。叶片受害，沿叶脉产生褐色细条，后变为黑褐色。叶柄染病从上向下变为黑褐色，有的一侧纵裂或凹陷，致叶柄缢缩、扭曲、叶片反转下垂。茎部染病主要发生在新梢。豆荚发病从边缘或荚梗处褐变，扭曲畸形，结实少或病粒瘦小变黑。如图 3-7。

[传播途径和发病条件] 病菌以分生孢子盘在病残体上越冬，或以菌丝在种子上越冬，成为翌年的初侵染源。种子带菌率是影响苗期发病轻重和后期发病的主要因素。

[防治]

(1) 对种子要严格检疫，防止随种子传播蔓延。

(2) 收获后及时清洁田园，可减少菌源。

(3) 药剂防治。

①或 50%苯菌灵可湿性粉剂用种子重量的 0.4%拌种。

②在结荚期用 50%甲基硫菌灵悬浮剂 1 500 毫升/公顷，对水，叶面喷洒。

十四、大豆细菌斑点病

大豆细菌病害在中国有细菌角斑病、细菌叶烧病和细菌斑点病 3 种。前两种主要在南方发生，后一种主要在北方发生，尤其在冷冻潮湿的气候条件下发病多而重。所以，在东北，尤其是黑龙江西北部（如北安、嫩江、绥化等地区）发生普遍而且较重。发病重时可造成叶片提早脱落而减产。

[**病原**] 大豆细菌斑点病系由丁香假单胞菌大豆变种 [*Pseudomonas syringae* pv. *glycinea*（Coerper）Young，Dye，&Wilkie] 细菌引起的。寄主范围狭窄，只侵染大豆。

[**症状**] 叶片病斑初期呈褪绿小斑点，半透明，水渍状，后转为黄色至淡褐色，扩大后呈多角形，直径 3～4 毫米，红褐色至黑褐色，病斑边缘有明显晕环，在病斑背面常见白色菌脓溢出。病斑常相互汇合形成大块斑，使叶片部分或全部变黄枯死，提早落叶。此病叶缘发病，可使叶缘内凹，并稍皱缩。叶柄及茎病斑为褐色，长条形，水渍状，有时几个病斑形成不规则形长条斑。豆荚病斑初为红褐色小点，后变黑褐色，不正形，多集中于豆荚合缝处。种子病斑不规则形，褐色，上覆一层细菌菌脓。

[**侵染循环和发病条件**] 病菌在种子和病株残体上越冬，成为翌年发病初侵染源。播种病种子能引起幼苗发病。病叶上病原菌借风雨传播，引起多次再侵染。

病菌在未腐烂的病叶上可存活 1 年，在土壤中不能存活。越冬后病叶上细菌也可侵染幼苗和成株期叶片，发病后也可借风、雨传播。一般从底部叶向上部叶片扩展。结荚后病菌侵入种荚，直接侵害种子。

一般种子带菌率高，幼苗发病重；夏、秋季气温低，多雨、多露、多雾天气，发病重；暴风雨后可加速病情增长，由于伤口增多，有利侵入，发病更重。此外，连作地比轮作地发病重，低洼易涝地比岗地、平地发病重。

[防治]

(1) 选用抗病品种。

(2) 合理轮作。

(3) 建立无病留种田。

(4) 秋季深翻。

(5) 生物防治。1%武夷菌素水剂 100~150 倍液，叶面喷雾。

(6) 药剂防治。见表 3-2。

表 3-2 大豆各生育阶段主要病害药剂防治配方

序号	防治对象	药剂和用药量克［（毫升）/公顷］	施药时期
1	菌核病	40%菌核净可湿性粉剂 1 050 克	大豆 2~3 片复叶期，如长期干旱，可根据气象预报适当推迟防治至发病初期施药
		50%乙烯菌核利，(农利灵) 可湿性粉剂 1 500 克	
		25%咪鲜胺（使百克、施保克）乳油 1 500 毫升	
		70%甲基托布津可湿性粉剂 1 500 克	
2	细菌性斑点病	30%琥胶肥酸铜悬浮剂 1 500 克	发病初期
		1%武夷霉素水剂 5 000~7 500 克	
3	褐纹病	70%甲基托布津可湿性粉剂 1 125~1 500 克	大豆 3 叶期或鼓粒期的发病初期
		25%嘧菌酯（阿米西达）悬浮剂 900~1 200 毫升	
4	褐秆病	72%霜脲氰（克露）可湿性粉剂 1 000~1 500 克	发病初期
		68%精甲霜・锰锌水分散粒剂 1 000~1 500 克	
5	灰斑病、紫斑病	40%多菌灵胶悬剂 1 500 克	大豆花荚期
		80%多菌灵可湿性粉剂 750 克	
6	霜霉病	64%噁霜・锰锌可湿性粉剂 2 000 克	发病初期
		25%甲霜灵可湿性粉剂 1 500 克	

第二节 大豆虫害

一、草地螟

草地螟（*Loxostege sticticalis* Linnaeus），属鳞翅目，螟蛾科。

别名黄绿条螟、甜菜网螟、网锥额蚜螟。分布在吉林、内蒙古、黑龙江、宁夏、甘肃、青海、河北、山西、陕西、江苏等省（自治区）。寄主作物有大豆、甜菜、向日葵、亚麻、高粱、豌豆、扁豆、瓜类、甘蓝、马铃薯、茴香、胡萝卜、葱、洋葱、玉米等。

［**为害特点**］幼虫取食叶肉，残留表皮，长大后可将叶片吃成缺刻或仅留叶脉，使叶片呈网状。大发生时，也为害花和幼荚。草地螟是一种间歇性暴发成灾的害虫。

［**生活习性**］在黑龙江1年发生2～3代。以老熟幼虫在土内吐丝作茧越冬。翌春5月化蛹及羽化。成虫飞翔力弱，在黑龙江，草地螟主要借高空气流长距离迁飞而来，黑龙江本地草地螟受气候和地理特点影响虫量少，不构成为害。资料显示，东北地区严重发生的草地螟虫源，越冬代成虫一部分来自内蒙古乌盟地区，一部分来自蒙古共和国中东部及中俄边境地区。一代草地螟成虫主要来自内蒙古兴安盟、呼伦贝尔盟及蒙古国草原。草地螟成虫喜食花蜜，卵散产于叶背主脉两侧，常3～4粒在一起，以距地面2～8厘米的茎叶上最多。初孵幼虫多集中在枝梢上结网躲藏，取食叶肉，3龄后食量剧增，幼虫共5龄。

2008年7月底8月初黑龙江省大部地区遭遇二代草地螟为害，虫量巨大，先后出现几次高峰。二代草地螟在黑龙江省为害属罕见。2009年越冬后成虫数量较高，但一代草地螟并未形成严重的为害，成点片发生态势，有少部分因查看不及时的地块被害，甚至有绝产地块。

［**防治**］在预测预报的基础上，用频振式杀虫灯诱杀成虫，或成虫高峰期过后10～15天，大豆百株有幼虫30～50头，在幼虫三龄以前用2.5%高效氯氟氰菊酯水乳剂225～300毫升/公顷，或2.5%溴氰菊酯乳油225～300毫升/公顷，或有机磷杀虫剂和菊酯类杀虫剂混用，叶面喷雾防治。

二、大豆食心虫

大豆食心虫（*Leguminivora glycinivorella* Matsumura），俗称大豆蛀荚虫、小红虫。该虫食性较单一，主要为害大豆，也取食野生大豆和苦参。大豆食心虫在中国主要分布于东北、华北、西北和湖北、江苏、浙江、安徽、山东等地，以东北3省、河北、山东受害较重。

［**生活习性**］幼虫蛀入豆荚咬食豆粒。每年发生1代。在北方大豆田成虫出现期为7月末到9月初。成虫于下午3时后在豆田活动，有成团飞翔现象。雌蛾喜产卵在有毛豆荚上，散产。幼虫孵化后，多从豆荚边缘合缝处蛀入。8月下旬为入荚盛期，一般在荚内生存20～30天。9月中、下旬脱荚入土越冬。冬季低温越冬死亡率增大。成虫及其产卵适温为20～25℃，相对湿度为90%。在适温条件下，如化蛹期雨量较多，土壤湿度较大，有利于化蛹和成虫出土。土壤含水量低于5%时成虫不能羽化。

［**防治指标**］连续3天累计百米（双行）蛾量达百头或成虫出现打团，出现成倍增长的现象，表明成虫已进入盛发期，1～2天内应开始防治成虫。盛期后7～10天为幼虫防治适期。

［**防治**］

（1）农业防治　选用抗虫品种；合理轮作，避免连作；化蛹期在豆茬地增加中耕次数，豆茬麦地收后及时翻耕等。

（2）化学防治　成虫发生高峰期用敌敌畏熏杀成虫。于幼虫蛀荚前用10%氯氰菊酯乳油375～450毫升/公顷或2.5%溴氰菊酯乳油375～450毫升/公顷、5%高氰戊菊酯乳油225～300毫升/公顷、48%毒死蜱乳油1 200～1 500毫升/公顷、2.5%高效氯氟氰菊酯水乳剂300毫升/公顷，对水，叶面喷雾。

（3）生物防治　利用天敌赤眼蜂杀成虫。

三、朱砂叶螨

朱砂叶螨［*Tetranychus cinnabarinus*（Boisduval）］，又名棉花红蜘蛛、红叶螨，属蜱螨目，叶螨科。不仅为害棉花、花生，还为害玉米、高粱、豆类、瓜类、蔬菜、树木及杂草等43科146种植物。朱砂叶螨主要分布在温暖地区。在我国分布广泛，华北、华东、华中、华南及东北三省、河南、陕西、甘肃、云南等省均有发生。

[**生活习性**] 在北方，朱砂叶螨一年可发生 12～15 代。以受精的雌成虫在土块下、杂草根迹、落叶中越冬。来年 3 月下旬成虫出蛰。朱砂叶螨一般进入 6 月，数量逐渐增多。低温年份，发生得晚，常于 7 月后进入猖獗发生期，但下降的也晚，常可为害至 8 月中旬以后；高温、干旱年份 6 月上旬即可进入盛期，田间危害加重。

[**防治指标**] 如夏季高温偏旱，雨日少，朱砂叶螨在田间点片发生时应当防治。

[**防治**]

(1) 农业防治：清除田埂、路边和田间的杂草及枯枝落叶；耕整土地以消灭越冬虫源；合理灌溉和施肥，促进植株健壮生长，增强抗虫能力。

(2) 化学防治：48%毒死蜱乳油 750～1 500 毫升/公顷或 2.5%高效氯氟氰菊酯水乳剂 225～300 毫升/公顷、73%炔螨特乳油 600～1 050 毫升/公顷，对水，叶面喷雾。

四、大豆蚜

大豆蚜（*Aphis glycines* Matsumura）是同翅目蚜科昆虫，俗名腻虫。主要分布于我国大豆主产区。大豆蚜的寄主为老鸹眼等鼠李属植物、大豆、黑豆和野生大豆等。吸食大豆嫩枝叶的汁液，受害植株常幼叶卷缩，根系发育不良，生长停滞，结果枝和结荚数减少，产量降低。此蚜还能传带麻花叶病和甜菜花叶病等植物病毒。如图 3-10。

[**生活习性**] 大豆蚜在东北每年发生 10 多代。6 月下旬～7 月中旬进入为害盛期，6 月下旬至 7 月上旬，旬均温 22～25℃，相对湿度低于 78%有利其大发生。

[**防治指标**] 6 月中、下旬天气较干旱，预报 7 月上旬无大雨或暴雨，点片发生蚜虫 5%～10%的植株卷叶或有蚜株率超过 50%，百株蚜量达 1 000～2 000 头以上，天敌数量很少时应及时防治。

[**防治**] 70%吡虫啉水分散粒剂 15～20 克/公顷（或 35%吡虫啉悬浮剂 45～80 克/公顷）＋2.5%高效氟氯氰菊酯乳油 225 毫升/公顷或

2.5%溴氰菊酯乳油225毫升/公顷+70%吡虫啉水分散粒剂15～20克/公顷，对水，叶面喷雾。施药时加入植物油型喷雾助剂有利于药效发挥。

五、大豆根绒粉蚧

大豆根绒粉蚧（*Eriococcus* sp.）属同翅目，粉蚧科。以卵包于绒囊内在大豆残根上越冬。大豆根绒粉蚧初孵若虫为红色，非常小，体长仅1.5～2毫米，肉眼难以发现。在大豆苗期以若虫、成虫刺吸大豆茎部和叶片造成为害。发生严重时，布满大豆茎秆，严重影响大豆生长，地上部叶片自下而上变黄，干枯，不能正常结荚。

［**防治**］

（1）农业措施：在发生大豆根绒粉蚧地块，清除田间大豆残根，集中烧毁，减少大豆根绒粉蚧在田间的越冬基数。

（2）化学防治：有大豆根绒粉蚧的地块，应在大豆3叶期以前，害虫尚未形成蜡质保护层的一龄若虫期及时进行药剂防治。

3%啶虫脒乳油400～600毫升/公顷+4.5%高效氯氰菊酯乳油500～600毫升/公顷或70%吡虫啉水分散粒剂60～80克/公顷+40%毒死蜱乳油900毫升/公顷、15%丁硫·吡虫啉乳油800～1 000毫升/公顷、20%噻嗪·杀扑磷乳油500毫升/公顷，叶面喷雾。间隔5～7天，连续喷洒2～3次。

六、蓟马

大豆田蓟马主要有烟蓟马（*Thrips tabaci* Lindeman）、豆黄蓟马（*Thrips nigropilosus* Uzel），均属缨翅目，蓟马科。

［**生活习性**］蓟马是一种小型昆虫。一年发生多代。产卵于植株的花器和叶上。气候适宜时，可在2周左右由卵发育为成虫。蓟马以幼虫和成虫刺吸式口针穿刺花器并吸取汁液。主要为害幼嫩组织，如叶片、花器、嫩荚果。被害部位卷曲、皱缩以致枯死。一般大豆复叶展开后，气候温暖，光照充足，大风日少，轻旱的年份蓟马发生重。

［**防治指标**］大豆2～3片复叶期，每株有蓟马20头或顶叶皱缩

时应防治。

［**防治**］25％噻虫嗪水分散粒剂 150～240 克/公顷或 25％多杀霉素悬浮剂 100～150 毫升/公顷、70％吡虫啉水分散粒剂 60～80 克/公顷，喷雾。

七、双斑萤叶甲

双斑萤叶甲［*Monolepta hieroglyphica*（Motschulsky）］，属鞘翅目，叶甲科。别名双斑长跗萤叶甲。双斑萤叶甲寄主有豆类、马铃薯、苜蓿、玉米、甜菜、麦类、十字花科蔬菜、向日葵等。在黑龙江省 8 月进入为害盛期。寄主范围广。主要以成虫取食叶片和花穗成缺刻或孔洞甚至网状。成虫有群集性和弱趋光性，在一株上自上而下地取食，日光强烈时常隐蔽在下部叶背或花穗中。成虫飞翔力弱，一般只能飞 2～5 米，早晚气温低于 8℃或风雨天喜躲藏在植物根部或枯叶下，气温高于 15℃成虫活跃。成虫羽化后经 20 天开始交尾，卵产在田间或菜园附近草丛中的表土下。卵散产或数粒黏在一起。卵耐干旱。幼虫生活在杂草丛下表土中。老熟幼虫在土中筑土室化蛹。蛹期 7～10 天。干旱年份发生重。近两年来在黑龙江省大部分地区为害趋势越来越严重。

［**防治**］2.5％高效三氟氯氰菊酯乳油 300～400 毫升/公顷或 2.5％溴氰菊酯乳油 300～400 毫升/公顷、10％氯氰菊酯乳油 500～600 毫升/公顷，喷雾。

八、豆卜馍夜蛾

豆卜馍夜蛾［*Hypena tristali* Lederer（*Bomolocha tristalis* Lederer)］，属鳞翅目，夜蛾科。是大豆田常发害虫。

［**生活习性**］在东北一年发生 1～2 代。5～8 月为幼虫期，为害大豆叶片，将叶片吃成缺刻或孔洞，严重时可将全叶片吃光，仅剩叶脉。6 月下旬至 7 月上旬为成虫羽化盛期。成虫有趋光性，夜间活动。幼虫多在豆株上部为害，比较活泼，一经触动立即跳落到豆株叶

上或地面。老熟后在卷叶内化蛹。

[**防治**] 同双斑萤叶甲。

第三节 大豆田杂草防除

随着除草剂使用年限的增加，受气候、农艺措施、除草剂品种及配方趋于单一等因素影响，部分地区杂草抗性产生，杂草群落发生变化。如鸭跖草、苣荬菜、刺儿菜、问荆等难治杂草在黑龙江省发生密度逐年增加，鸭跖草等杂草由 20 世纪 80 年代平均每平方米不足 1 株，到近年来高发生地每平方米超过百株、千株，成为很多地区杂草优势种群，使杂草化学防除困难增加，农药单位面积用药量加大，农药选择压力增强。针对此情况，采取除草剂二元或三元混配制剂、除草剂喷雾助剂、减量施药、农艺措施等配套技术，可有效控制大豆田杂草危害，达到安全、高效、低残留防除杂草的目的。

一、农艺措施

（一）合理轮作

麦、豆轮作，配合伏秋翻地，可降低苣荬菜、刺儿菜等多年生宿根性杂草发生密度，玉、豆轮作，玉米田使用莠去津、烟嘧磺隆、硝磺草酮等除草剂可有效降低阔叶杂草基数。如高秆作物和矮秆作物、禾本科和阔叶作物、水田和旱田轮作也可减轻某些伴生性杂草危害。同时，合理轮作也可减轻某些伴生性杂草危害。

（二）合理耕作

耕作方式应以深翻、深松浅翻、深松耙茬为主，深翻、浅翻相结合。通过深翻深耕，可消灭或切断 70%左右多年生杂草地下根茎，苗期结合中耕 2～3 遍，可以大大提高除草效果。

（三）适期播种

土壤湿度大、持续低温会使大豆根腐病加重，也会导致乙草胺、嗪草酮、氯嘧磺隆（苗前、苗后）、噻吩磺隆（大豆 3 叶期后）、乙羧氟草醚等除草剂药害加重。一般说来，适时晚播可培育壮苗，减轻苗期病、虫为害，减轻或降低除草剂药害发生程度，并可防除部分已发芽或出土的杂草，减缓杂草生长，提高化学除草效果。

二、化学防治

除草剂是防除大豆田杂草的重要手段。除草剂选择应遵循的原则：一是安全性好、药效稳定、可混性强、持效期适中；二是根据农业生态区气象条件、杂草发生种类、栽培方式及轮作情况；三是根据土壤质地、有机质含量、pH和自然条件选择除草剂，并确定用量。

（一）除草剂品种选择

（1）推荐使用的除草剂品种　见大豆田除草剂推荐品种表、大豆除草剂使用时期和安全性资料表、大豆田除草剂混用配方表（表3-3，表3-4）。

（2）限制或禁止使用的除草剂品种　嗪草酮在低洼地、冷凉地区、有机质含量低于2%的土壤或沙质土壤、个别敏感大豆品种不推荐使用；90% 2，4-D异辛酯乳油、72% 2，4-D丁酯乳油适用于大豆田播后苗前，用药量每亩50毫升以下，防治已出土杂草；金豆低洼、冷凉地区不推荐使用；乙草胺和扑草净、西草净、氯嘧磺隆混剂药害加重，不推荐使用。

（二）大豆田除草剂的混用

除草剂混用是杂草综合治理重要措施之一，通过除草剂的混用可以扩大杀草谱、提高除草效果、延长施药时期、降低药害、减少土壤残留活性、延缓除草剂抗药性的发生与发展，是提高除草剂应用水平的一项重要措施。除草剂的混用包括3种使用形式：一是由两种或两种以上的有效成分、助剂、填料等按一定配比，经过一系列工艺加工而成的农药制剂；二是现混现用；三是桶混剂，是介于除草混剂和现混现用之间的一种混用方式。

两种或多种除草剂混用，对杂草的防治效果可以增加或降低，混用后的联合作用方式主要表现为相加作用、增效作用、颉颃作用。

表 3-3 大豆苗后常用除草剂药箱混用表

	精喹禾灵	精吡氟禾草灵	高效氟吡甲禾灵	精恶唑禾草灵	烯草酮	稀禾啶
48%灭草松水剂	+1	+	+	+	+5	+4
三氟羧草醚	—	+	+	+	+5	—
氟磺胺草醚	+	+	+	+	+	+
氟烯草酸	—	—	—	—	+	—
氯嘧磺隆	+1	+2	+3	+3	+5	—
咪唑乙烟酸	+2	+2	+2	—	+2	—
异噁草松	+	+	+	+	+5	+
克莠灵	+1	+	+	+	+5	+4

注：+可以混用；

+1 防治稗草、金狗尾草、马唐不能混用；

+2 防治多年生禾本科杂草时混用；

+3 干旱条件下，防治多年生禾本科杂草、马唐、金狗尾草、稗草不能混用；

+4 防治多年生禾本科杂草不能混用；

+5 混用后降低禾本科杂草的药效；

—不可混用。

表 3-4 大豆田除草剂混用配方表

药 剂	每公顷用制剂量［毫升（克）］	使用时期	注意事项和技术要点
90%乙草胺乳油+50%丙炔氟草胺可湿性粉剂+75%噻吩磺隆水分散粒剂	1 800～2 200+120～180+15～20	大豆播前，播后苗前	播后苗前施药，施后一定要浅混土或培土 2 厘米，低洼地、低温条件下对幼苗有抑制作用，后作安全
96%精异丙甲草胺乳油+50%丙炔氟草胺可湿性粉剂	1 200～2 100+120～180		播后苗前施药，施后浅混土或培土 2 厘米
72%异丙甲草胺乳油+75%噻吩磺隆水分散粒剂	15～25+1 800～3 500	大豆播后苗前，拱土期	

（续）

<table>
<tr><th>药　　剂</th><th>每公顷用制剂量
［毫升（克）］</th><th>使用时期</th><th>注意事项和技术要点</th></tr>
<tr><td>96%精异丙甲草胺乳油或72%异丙甲草胺乳油＋70%嗪草酮可湿性粉剂</td><td>1 050～1 500 或2 100～3 000＋300～400</td><td rowspan="4">大豆播前，播后苗前</td><td rowspan="2">用于岗地、秋施药，大豆个别品种敏感，低洼地、低温条件下对大豆幼苗有抑制作用。对后作影响见第十七章</td></tr>
<tr><td>90%乙草胺乳油＋70%嗪草酮可湿性粉剂</td><td>1 800～2 250＋300～400</td></tr>
<tr><td>48%异噁草松乳油＋70%嗪草酮可湿性粉剂＋72%异丙甲草胺乳油</td><td>800～1 000＋300～400＋2 250～3 500</td><td>对后作影响见第十七章</td></tr>
<tr><td>48%异噁草松乳油＋70%嗪草酮可湿性粉剂＋96%精异丙甲草胺乳油</td><td>800～1 000＋300～400＋1 500～2 000</td><td>对后作影响见第十七章</td></tr>
<tr><td>80%唑嘧磺草胺水分散粒剂＋90%乙草胺乳油</td><td>48～60＋1 800～2 250</td><td>秋施、播前、播后苗前</td><td>对后作影响见第十七章</td></tr>
<tr><td>48%异噁草松乳油＋75%噻吩磺隆水分散粒剂＋96%精异丙甲草胺乳油或72%异丙草胺乳油或90%乙草胺乳油</td><td>800～1 000＋20～30＋1 500～2 000 或2 250～3 500或1 800～2 250</td><td rowspan="3">播前、播后苗前</td><td rowspan="3">与丙炔氟草胺混用的配方播后苗前施药，施药后需浅混土或培土2厘米，以避免出苗后降大雨造成触杀药害
低洼地、低湿条件下对大豆幼苗有抑制作用</td></tr>
<tr><td>48%异噁草松乳油＋80%唑嘧磺草胺水分散粒剂＋96%精异丙甲草胺乳油或72%异丙草胺乳油或90%乙草胺乳油</td><td>800～1 000＋30～45＋1 500～2 000 或2 250～3 500或1 800～2 200</td></tr>
<tr><td>48%异噁草松乳油＋50%丙炔氟草胺水分散粒剂＋96%精异丙甲草胺乳油或72%异丙甲草胺乳油或90%乙草胺乳油</td><td>800～1 000＋75～90＋1 500～2 000 或2 250～3 500 或1 800～2 200</td></tr>
</table>

（续）

药　　剂	每公顷用制剂量［毫升（克）］	使用时期	注意事项和技术要点
15%精吡氟禾草灵乳油＋48%异噁草松乳油＋21.4%三氟羧草醚水剂	600＋600～700＋600～700	大豆苗后早期施药，有三氟羧草醚的配方于大豆2片复叶期、阔叶杂草2～4叶期、大多数杂草出齐时施药	
5%精喹禾灵乳油＋48%异噁草松乳油＋48%灭草松水剂	750～900＋1 000＋1 500		
10.8%高效氟吡甲禾灵乳油＋25%氟磺胺草醚水剂	450～525＋1 000～1 500		
15%精吡氟禾草灵乳油＋25%氟磺胺草醚水剂	750～900＋1 000～1 500		
15%精吡氟禾草灵乳油＋48%异噁草松乳油＋48%灭草松水剂	750～900＋1 000＋1 500		
12.5%稀禾定机油乳剂＋48%异噁草松乳油＋48%灭草松水剂	1 200～1 500＋1 000＋1 500		
15%精吡氟禾草灵乳油＋25%氟磺胺草醚水剂＋48%灭草松水剂	750～900＋1 000～1 200＋1 500～2 000		
12%烯草酮乳油＋25%氟磺胺草醚水剂	450～525＋1 000～1 500		
10.8%高效氟吡甲禾灵乳油＋48%异噁草松乳油＋25%氟磺胺草醚水剂	450＋1 000＋1 000～1 500		
10.8%高效氟吡甲禾灵乳油＋48%灭草松水剂＋25%氟磺胺草醚水剂	450～525＋1 500～2 000＋1 000～1 500		

（续）

药　剂	每公顷用制剂量［毫升（克）］	使用时期	注意事项和技术要点
84%氯酯磺草胺水分散粒剂＋25%氟磺胺草醚水剂＋12.5%稀禾定水剂	30～45＋1 000～1 500＋1 500		
84%氯酯磺草胺水分散粒剂＋25%氟磺胺草醚水剂	30～45＋1 500		
12.5%稀禾定机油乳剂＋21.4%三氟羧草醚水剂＋48%灭草松水剂	1 500＋700＋1 500～2 000	大豆2片复叶期，杂草2～4叶期，大多数杂草出齐时施药	
18%耕田易乳油	2 700～3 000		
15.8%豆易耕乳油	3 000～3 300		

（三）难治杂草防治

多年来，由于部分地区大豆被动连作，大豆田杂草群落发生变化，鸭跖草、刺儿菜、大刺儿菜、问荆、苣荬菜、苘麻、苍耳、野黍、狗尾草、卷茎蓼、繁缕等杂草成为优势群落，特别是俗称“三菜”的鸭跖草、刺儿菜（大刺儿菜）、苣荬菜在部分大豆主产区成为主要杂草，危害严重，防治成本增加，防治困难。

（1）苣荬菜、刺儿菜（大刺儿菜）等

①48%异噁草松乳油1 000～1 200毫升/公顷＋80%唑嘧磺草胺水分散粒剂30～45克/公顷＋72%2，4－D异辛酯（或丁酯）乳油750毫升/公顷，于大豆播后早期施药。

②48%异噁草松乳油800～1 000毫升/公顷＋25%氟磺胺草醚水剂1 500毫升/公顷，于大豆真叶期至3片复叶期施药。

③48%异噁草松乳油800～1 000毫升/公顷＋48%灭草松水剂3 000毫升/公顷，于大豆真叶期至3片复叶期施药。

④84%氯酯磺草胺水分散粒剂45～60克/公顷＋25%氟磺胺草醚

水剂 1 500 毫升/公顷。于大豆真叶期至 3 片复叶期施药。

（2）鸭跖草　防治鸭跖草以土壤处理为主，使用酰胺类除草剂单用或混用。酰胺类除草剂用量过大，易造成大豆药害，如乙草胺等，可降低用量，与异噁草松、噻吩磺隆、丙炔氟草胺、唑嘧磺草胺等混用，提高对大豆安全性，扩大杀草谱。

①90％乙草胺乳油 1 800～2 250 毫升/公顷＋48％异噁草松乳油 800～1 000毫升 /公顷＋75％噻吩磺隆水分散粒剂 25～30 克/公顷。

②96％精异丙甲草胺乳油 1 500～2 250 毫升/公顷＋48％异噁草松乳油 1 000 毫升/公顷＋50％丙炔氟草胺 120 克/公顷。

③72％异丙甲草胺乳油 2 000～3 300 毫升/公顷＋48％异噁草松乳油 800～1 000 毫升/公顷＋50％丙炔氟草胺可湿性粉剂 70～90 克/公顷。

④96％异丙甲草胺乳油 1 500～1 950 毫升/公顷＋48％异噁草松乳油 750～1 000 毫升/公顷＋70％嗪草酮可湿性粉剂 300～400 克/公顷（适用于土壤有机质含量 2％以上的岗地）

⑤80％唑嘧磺草胺水分散粒剂 30～45 克/公顷＋ 72％异丙甲草胺乳油 2 000～3 000 毫升/公顷＋48％异噁草松乳油 800～1 000 毫升/公顷。

土壤施药于大豆播后苗前早期进行，大豆拱土期施药易产生较重药害。秋季施药，用量比春季施药提高 10％。酰胺类除草剂土壤施用量受土壤质地影响，土壤有机质含量低、质地疏松、沙质土用低量，反之，用较高量。

在土壤处理药效较差、春旱、秋整地不及时等情况下，一般采用苗后施药。大豆苗后早期（大豆真叶期至 2 片复叶期，鸭跖草 3 叶期前）可用以下配方。

①25％氟磺胺草醚水剂 750～1 000 毫升/公顷＋48％异噁草松乳油800～1 000 毫升/公顷。

②84％氯酯磺草胺水分散粒剂 30～45 克/公顷＋25％氟磺胺草醚水剂 1 000 毫升/公顷。

③48％异噁草松乳油 800～1 000 毫升/公顷＋48％灭草松水剂 1 500毫升/公顷。

④18%耕田易乳油 3 000 毫升/公顷。

⑤84%氯酯磺草胺水分散粒剂 45～60 克/公顷，防治 4～5 叶期以上鸭跖草。

（3）野燕麦、金狗尾草

①48%氟乐灵乳油 1 500 毫升/公顷＋90%乙草胺乳油 1 000 毫升/公顷＋48%异噁草松乳油 1 000 毫升/公顷。于大豆播前施药，施药后混土。

②24%烯草酮水分散粒剂 400～600 毫升/公顷，或 15%精吡氟禾草灵水剂 1 200 毫升/公顷或 10.8%高效氟吡甲禾灵乳油 450～525 毫升/公顷、12.5%稀禾定机油乳剂 1 500 毫升/公顷。于大豆苗后施药。

（4）野黍　96%精异丙甲草胺乳油 1 800～2 100 毫升/公顷或 50%异丙草胺乳油 2 800～5 000 毫升/公顷、72%异丙草胺乳油 2 500～3 450 毫升/公顷，于大豆苗前施药。

12%烯草酮乳油 600～800 毫升/公顷或 10.8%高效氟吡甲禾灵乳油 450～525 毫升/公顷、15%精吡氟禾草灵乳油 1 200 毫升/公顷，于大豆苗后施药。

（5）苍耳　48%异噁草松水剂 2 000～2 500 毫升/公顷或 80%唑嘧磺草胺水分散粒剂 75 克/公顷、50%丙炔氟草胺可湿性粉剂 180 克/公顷，于大豆苗前施药。

48%灭草松水剂 1 000 毫升/公顷或 25%氟磺胺草醚水剂 1 000～1 250 毫升/公顷（苍耳 4 叶期前）、18%松・喹・氟磺胺微乳剂 3 000 毫升/公顷（苍耳 4 叶期前）、18%异噁・氟磺胺微乳剂 2 700～3 000 毫升/公顷、13.6%松・喹・氟磺胺微乳剂 3 000～4 500 毫升/公顷，于大豆 1 片复叶展开以后施药。

48%异噁草松乳油 750 毫升/公顷＋25%氟磺胺草醚水剂 750 毫升/公顷。

（6）芦苇（苗后施药，芦苇株高 20～60 厘米时喷雾）　大豆苗后 15%精吡氟禾草灵乳油 2 000 毫升/公顷或 10.8%高效氟吡甲禾灵乳油 900 毫升/公顷，喷雾。在田间少量发生时，用 15%精吡氟禾草灵乳油加水以1∶10比例涂抹。

（7）繁缕 96%精异丙甲草胺乳油1 000～2 100毫升/公顷或72%异丙甲草胺乳油1 500～3 450毫升/公顷、90%乙草胺乳油2 000～2 500毫升/公顷、72%2,4-D异辛酯乳油750毫升/公顷，于大豆播后苗前早期施药。48%灭草松水剂2 500～3 000毫升/公顷，于大豆苗后施药。

繁缕在大豆田从播种到秋收均可出苗，秋季生长繁茂，生育期和收获时影响大豆品质。为解决此问题，可在大豆收获前几天，喷洒72%2,4-D异辛酯750毫升/公顷，同时对苣荬菜、刺儿菜也有良好的防治效果。

（8）皱叶酸模（羊铁叶） 大豆播后苗前3天内，90%2,4-D异辛酯乳油用750毫升/公顷或75%噻吩磺隆水剂30～40克/公顷。

（9）卷茎蓼（荞麦蔓） 近年来个别地区大豆田卷茎蓼发生严重，对大豆生长发育造成一定影响。用25%氟磺胺草醚水剂750～1 000毫升/公顷+48%异噁草松乳油750～1 000毫升/公顷或84%氯酯磺草胺水分散粒剂30～45克/公顷+25%氟磺胺草醚水剂1 000毫升/公顷。

（四）除草剂施药技术

除草剂使用方法与除草剂作用方式、加工剂型、栽培方式以及气象因素等有密切关系。在生产中选择任何一种施药方法，首先要考虑药效、对作物安全性、环境对药效的影响，其次应考虑简便易行、成本、对周围环境及对邻近其他作物有无影响。

1. 秋季施药

（1）除草剂品种和配方选择。选择不易挥发、飘移的除草剂。如精异丙甲草胺、异丙甲草胺、异丙草胺、乙草胺、丙炔氟草胺、唑嘧磺草胺、嗪草酮、异噁草松等除草剂，两混、三混或混合制剂。用量比春季施药增加10%～20%，岗地、水分少可偏高。低洼地、水分好可偏低。配方参考大豆田除草剂混用配方表中可播前施药的配方。

（2）秋施除草剂时间。秋季9月下旬气温降到10℃以下即可施药，最好在10月中、下旬气温降到5摄氏度以下至封冻前。

（3）施用方法。施药前土壤达到播种状态，地表无大土块和植物残株，不可将施药后的混土耙地代替施药前的整地。施药要均匀，施药前要把喷雾器调整好，使其达到流量准确、雾化均匀、喷洒均匀，作业中要严格遵守操作规程。混土要彻底。混土用双列圆盘耙，耙深10～15厘米，机车速度每小时6公里以上，地要先顺耙一遍，再以同第一遍呈垂直方向耙一遍，耙深尽量深一些，耙后可起垄，注意不要把无药土层翻上来。

2. 播前施药

（1）除草剂品种和配方选择。同秋季施药。

（2）施药时间。大豆播种前。

（3）施用方法。同秋施药。

3. 播后苗前施药

（1）施药时间。大豆播种后出苗前施药，最好在大豆播后早期施药，以提高对大豆安全性。但有时为了提高除草效果，有些除草剂可于大豆拱土期施药。如异噁草松、咪唑乙烟酸、精异丙甲草胺、噻吩磺隆等。乙草胺、氯嘧磺隆、丙炔氟草胺、嗪草酮等于大豆拱土期施药易出现严重药害。

（2）施药方法。在土壤墒情好和施药后有降雨或灌溉条件下，施药后不混土；当土壤长期干旱，施药前近期无降雨，又无灌溉条件时，施药后浅覆土2～3厘米，可提高除草效果。混土机械可用圆盘耙、耕耘机、旋转锄。混土后应及时镇压，有利于保墒和提高草杀草效果。混土和镇压要注意土壤湿度适不适宜，土壤水分过大会造成混土不匀和土壤板结。土壤表层水分过大，会增加除草剂的挥发损失。一般播后苗前施药，雨后施药较雨前施药效果差。

4. 苗后施药

（1）施药时期。大豆苗后施药一般在大豆1～3片复叶期，鸭跖草3叶期前，苣荬菜、刺儿菜8叶期前，多数杂草已出苗时施药。为提高除草效果，有些除草剂可于大豆真叶展开后施药，如氟磺胺草醚、异噁草松、咪唑乙烟酸等。施药时期过晚，杂草抗药性增强，一是增加防治成本，二是防治难度大，三是某些除草剂对大豆安全性降低，四是施药晚，杂草与大豆竞争，导致大豆苗弱，根腐病加重。另外，施药要在早晚风小、气温低时进行，特别是施用苗后除草剂，适宜的施药条件：空气相对湿度 65%以上，温度高于 27℃以下，风速 4 米/秒以下，晴天上午 6 时前、下午 6 时后，最好在无露水条件下夜间施药。空气相对湿度低于 65%，温度高于 27℃，低于 15℃，风速大于每秒 4 米应停止施药。

（2）不同苗后除草剂施用后降雨间隔时间要求。施药后降雨对除草剂效果有一定影响。降雨 1～2 毫米可把水溶性的除草剂从植物叶面冲刷掉，如三氟羧草醚、灭草松等；降雨 5～10 毫米可把油溶性的除草剂从植物叶面冲刷掉，如精吡氟禾草灵、稀禾定、精喹禾灵、高效氟吡甲禾灵等。各种除草剂被植物吸收的速度不同，施药后要求降雨间隔的时间不同，如精吡氟禾草灵、稀禾定、精喹禾灵、高效氟吡甲禾灵，施药后 1 小时无雨即可；灭草松、三氟羧草醚施药后需要 6～8 小时无雨（表 3-5）。

表 3-5　大豆苗后除草剂施后降雨不影响药效的间隔时间表

除草剂名称	间隔时间（小时）	除草剂名称	间隔时间（小时）
精喹禾灵	1	咪唑乙烟酸	1
灭草松	8	甲氧咪草烟	1
三氟羧草醚	6	乳氟禾草灵	0.5
氟磺胺草醚	4	异噁草松	4
精吡氟禾草灵	1	烯草酮	1
精恶唑禾草灵	1	喹禾糠酯	1
稀禾定	1	噻吩磺隆	1
高效氟吡甲禾灵	1	百草枯	0.5
氟烯草酸	1	草甘膦	4
灭草·三氟羧	1		

注：影响药效的降雨量除草剂剂型为乳油大于 10mm 降雨，剂型为可湿性粉剂、水剂、悬浮剂大于 5mm 降雨。

5. 涂抹法施药

（1）人工涂抹法。适用于刺儿菜、苣荬菜等难治杂草点片发生的地号。方法：将1份41%草甘膦对10份水，配成母液（如41%草甘膦250毫升+水2 500毫升，配成2 750毫升涂抹液）。用1根80厘米长木棍，一头捆上鸡蛋大小的海绵球，用捆上海绵球的木棍蘸上配制好的涂抹液，涂抹在杂草的叶片上（最好抹在心叶上）。每2 750毫升涂抹液可涂抹3～10亩地。

（2）机械涂抹法。适用于刺儿菜、芦苇等难治杂草发生较多，并且高于大豆植株的地号。方法：在四轮中耕机上做一个固定框架，横向固定1根6～7米长捆上海绵的钢管或木棒，利用四轮悬挂可以升降。再做一个可以控制药量自流式药箱，药箱中加入原药，最好对上农药助剂。做到一边中耕，一边把涂抹液抹在刺儿菜或芦苇上。日作业工效250～300亩地。此方法对芦苇较多的地块效果最佳。

除草剂的使用时期、安全性及杀草谱见表3-6、表3-7。

表3-6　大豆除草剂使用时期和安全性

除 草 剂	使用时期	大豆安全性	
		正常环境	不良环境
氟乐灵	播前	安全	根生长受抑制
精异丙甲草胺	播前，播后苗前，拱土期	安全	轻微药害
异丙甲草胺	播前，播后苗前，拱土期	安全	轻微药害
异丙草胺	播前，播后苗前	安全	轻微药害
乙草胺	播前，播后苗前	安全	幼苗生长受抑制
2,4-D丁酯、2,4-D异辛酯	播后苗前	安全	生长受抑制，药害严重
唑嘧磺草胺	播前，播后苗前	安全	安全
二甲戊灵	播前，播后苗前	安全	安全
丙炔氟草胺	播前，播后苗前	安全	触杀性药害

（续）

除草剂	使用时期		大豆安全性	
			正常环境	不良环境
嗪草酮	播前，播后苗前		安全	药害较重，个别大豆品种敏感
异噁草松	播前，播后苗前，拱土期		安全	安全
	苗后（真叶展开以后）		安全	安全
咪唑乙烟酸	播前，播后苗前，拱土期		安全	安全
	苗后		安全	药害较重
高效氟吡甲禾灵	苗后		安全	安全
精吡氟禾草灵	苗后		安全	安全
精喹禾灵	苗后		安全	安全
稀禾定	苗后		安全	安全
烯草酮	苗后		安全	安全
灭草松	苗后（真叶期至3片复叶期）		安全	轻微药害
氟磺胺草醚	苗后（真叶期至3片复叶期）		安全	触杀性药害
三氟羧草醚	苗后（2～3片复叶期）		轻度触杀性药害	触杀性药害
乳氟禾草灵	苗后（2～3片复叶期）		轻度触杀性药害	触杀性药害
氯酯磺草胺	苗后		安全	轻微
噻吩磺隆	苗前，拱土期		安全	安全
	苗后	1片真叶至2片复叶期前（包括2片复叶期）	安全	药害较轻
		3片复叶期以后	药害	药害严重

注："正常环境"是指在正常气候、施药方法、用量、耕作、栽培和水肥管理等条件下；"不良条件"是指在低温、水深、弱苗等条件和使用不当等情况。

表 3-7　大豆田除草剂杀草谱

除草剂	用药量［克（毫升）/公顷］	杂草																								
		野燕麦	稗草	狗尾草	金狗尾草	马唐	酸模叶蓼	柳叶刺蓼	反枝苋	藜	龙葵	苍耳	狼把草	鸭跖草	鼬瓣花	香薷	苘麻	卷茎蓼	刺儿菜	苣荬菜	问荆	芦苇	野黍	铁苋菜	风花菜	繁缕
48%氟乐灵乳油	2 000～2 500	卌	卌	卌	卌	卌	卌	卌	卌	卌	—	—	—	—	—	—	—	—	—	—	—	—	—	—	—	
33%二甲戊灵乳油	3 000～4 500	卌	卌	卌	卌	卌	—	—	卌	卌	—	—	—	—	—	—	—	—	—	—	—	—	+	—	—	
96%精异丙甲草胺乳油	1 200～1 800	+	卌	卌	卌	卌	卌	卌	卌	卌	卄	—	卄	卌	—	卌	—	—	—	—	—	—	卌	—	—	
72%异丙草胺乳油	1 500～3 500	+	卌	卌	卌	卌	卌	卌	卌	卌	卄	—	卄	卌	—	卌	—	—	—	—	—	—	卌	—	—	
72%异丙甲草胺乳油	1 500～3 500	+	卌	卌	卌	卌	卌	卌	卌	卌	卄	—	卄	卌	—	卌	—	—	—	—	—	—	卌	—	—	
90%乙草胺乳油	1 560～2 500	卌	卌	卌	卌	卌	卌	卌	卌	卄	—	卄	卌	卌	卌	+	—	—	—	—	—		卌	—	—	
12.5%稀禾啶乳剂	1 200～1 500	卌	卌	卌	卌	卌	—	—	—	—	—	—	—	—	—	—	—	—	—	—	—	卌	卌	—	—	
15%精吡氟禾草灵乳油	750～1 000	卌	卌	卌	卌	卌	—	—	—	—	—	—	—	—	—	—	—	—	—	—	—	卌	卌	—	—	
6.9%精噁唑禾草灵乳油	600～750	卌	卌	卌	卌	卌	—	—	—	—	—	—	—	—	—	—	—	—	—	—	—	卌	卌	—	—	
12%烯草酮乳油	450～500	卌	卌	卌	卌	卌	—	—	—	—	—	—	—	—	—	—	—	—	—	—	—	卌	卌	—	—	
4%喹禾糠酯乳油	750～1 000	卌	卌	卌	卌	卌	—	—	—	—	—	—	—	—	—	—	—	—	—	—	—	卌	卌	—	—	
5%精喹禾灵乳油	750～1 000	卌	卌	卌	卌	卌	—	—	—	—	—	—	—	—	—	—	—	—	—	—	—	卌	卌	—	—	
10.8%高效氟吡甲禾灵乳油	525～750	卌	卌	卌	卌	卌	—	—	—	—	—	—	—	—	—	—	—	—	—	—	—	卌	卌	—	—	
48%灭草松水剂	2 500～3 000	—	—	—	—	—	卌	卌	卌	卌	卄	卌	卌	卌	卄	卌	卌	卌	卌	卌	+	—	—	+	卄	

（续）

除 草 剂	用药量[克（毫升）/公顷]	杂草																								
		野燕麦	稗草	狗尾草	金狗尾草	马唐	酸模叶蓼	柳叶刺蓼	反枝苋	藜	龙葵	苍耳	狼把草	鸭跖草	鼬瓣花	香薷	苘麻	卷茎蓼	刺儿菜	苣荬菜	问荆	芦苇	野黍	铁苋菜	风花菜	繁缕
21.4%三氟羧草醚水剂	1 000～1 500	－	－	－	－	－	卌	卌	卌	卄	卌	卄	卌	卄	－	卌	卌	－	－	－	－	－	－	卌	＋	
25%氟磺胺草醚水剂	1 000～1 500	－	＋	－	－	－	卌	卌	卌	卌	卌	卄	卌	卌	－	卌	卌	卄	卄	卄	卄	＋	－	卌	＋	
75%噻吩磺隆水分散粒剂	15～25	－	－	－	－		卌	卌	卌	卌	卌	卌	卌	卌	卌	卌	卌	卌	卌	卌	＋	－	－	＋		
24%乳氟禾草灵乳油	400～500	－	－	－	－	－	卌	卌	卌	卌	卌	卌	卌	＋	卌	卌	＋	＋	卄	＋	－	－	－	＋		
50%丙炔氟草胺可湿性粉剂	120～180	＋	＋	＋	＋	＋	卌	卌	卌	卌	卌	卌	卌	卌	卌	卌	卌	＋	＋	＋	＋	＋	＋	＋	＋	
10%氟烯草酸乳油	450～600	－	－	－	－	－	卄	卄	卌	卌	卌	卌	卄	卄	＋	卌	卌	－	－	－	－	－	－	卌	卌	
84%氯酯磺草胺水分散粒剂	60						－	卌		－		卌	卌	卌		卌	卌	卌	卄	＋						
80%唑嘧磺草胺水分散粒剂	75	－	－	－	－	－	卌	卌	卌	卌	卌	卄	卄	卌	卄	卌	卌	卌	＋	＋	＋	－	－	卌	卌	
70%嗪草酮可湿性粉剂	500～600	－	卄	卄	卄	卄	卌	卌	卌	卌	卌	卄	卌	卄	卌	卌	卄	－	＋	卄	＋	－	－	卌	卄	
48%异噁草松水剂	800～1 000	卄	卌	卌	卌	卌	卌	卌	＋	卌	卌	卄	卌	卌	卄	卌	卌	卌	卄	卄	卄	＋	＋	＋	＋	
5%咪唑乙烟酸水剂	1 750	卄	卌	卌	卌	卌	卌	卌	卌	卌	卌	卌	卌	卄	＋	卌	卌	－	－	－	－	－	＋	＋	＋	
4%甲氧咪草烟水剂	1200	卌	卌	卌	卌	卌	卌	卌	卌	卌	卌	卌	卌	卄	卌	卌	卌	＋	＋	＋	－	－	卄	＋	＋	

注：表中杀草谱是在正常环境条件下，除草剂推荐剂量下（黑龙江省）对杂草防除效果。

卌：防效95%（含95%）以上；卄：防效90%～95%；＋：防效80%～89%；－：80%以下。

第四章

麦类作物

麦田病、虫、草害防治宜采取综合防治措施：一是合理轮作，选用大豆、玉米、马铃薯等茬口，实行麦—豆—麦，麦—豆—杂，或豆—麦—杂，麦—麦—豆的轮作方式；二是提高整地质量，前作无深松基础的地块，要进行伏秋翻地或深松耙茬，要求整地平细，达到待播状态；三是选用抗病品种，如选用抗锈病、抗赤霉病的小麦品种；四是建立大麦无病留种田，繁育无病种子，汰除杂草种子、病杂粒；五是适期播种。大麦适当浅播，可促使大麦早出苗，减轻条纹病为害；六是药剂拌种和生育期病虫草害药剂防治。

第一节　麦类作物病害

一、小麦根腐病

小麦根腐病又称根腐叶斑病或黑胚病、青枯病、斑点病、青死病。

［**病原**］无性态 *Bipolaris sorokiniana*（Sacc.）Shoemakey 为平脐蠕孢属病菌，属半知菌亚门。

［**症状**］该病在小麦各生育期均能发生。苗期引起根腐，成株期引起叶斑、穗腐或黑胚。种子带菌，部分发病种子播种后不能出苗，有的长成弱苗。幼苗染病的，芽鞘上有梭形斑，黄褐色，边缘清晰，扩展后引起根基部、根间和茎基部变褐色，病组织逐渐坏死，上生黑霉状物，苗枯死。成株期染病，发生根腐和茎基腐，植株茎基部折断

枯死，未折断的也会提前枯死。此外，成株期还伴有叶斑、叶枯和穗腐。叶片上先出现黑色小点，后扩大成梭形或不规则形病斑。小穗发病后出现褐斑和白穗，颖及芒上生黑色小点，籽粒干瘪。在干旱年份，多产生根腐型症状。在多雨年份，除根腐病症状外，还可发生叶斑、茎枯和穗颈枯死等症状。

［**侵染循环和发病条件**］小麦根腐病在多雨年份发生重。病菌以菌丝体潜伏于种子内外越冬。分生孢子在种子或病株残体上越冬。种子和田间病残体上的病菌是苗期初侵染来源，以种子内部带菌为主要来源。在田间可进行再侵染。小麦根腐病幼苗期发病程度主要与耕作制度、种子带菌率、土壤温、湿度及播期、播种深度等因素有关。成株期发病程度取决于品种抗性、菌源量和气象条件。种子带菌率越高，幼苗发病率和病情指数就越大。土壤湿度过高、过低均不利于种子发芽与幼苗生长，加重病害。小麦播种过迟、播种过深，幼苗根腐病也会加重。苗期低温，幼苗抗逆力弱，病害重。小麦叶部根腐病情增长与气温的关系比较大。小麦开花前干旱，花后降水突然增多，根腐病加重，品种间差异较大。

［**防治**］

（1）农业防治

①合理轮作。与非寄主作物轮作1～2年。根腐严重地区可与非禾本科作物实行3年以上轮作。

②麦收后及时翻耕，加速病残体腐烂，清除田间禾本科杂草，以减少菌源。

③加强田间管理。播前精细整地，施足基肥，适时早播，浅播，提高植株抗病性。

（2）选用抗（耐）病品种

（3）药剂防治

①药剂拌种。见表4-1。

表 4-1　药剂拌种

配方	药　　剂	每 100 千克种子使用制剂量	防治对象	安全性
1	50%唑酮·福美双种衣剂＋益护	200 克＋75 毫升加水 1 000～1 500 毫升	防治小麦根腐病、小麦腥黑穗病、散黑穗病、小麦颖枯病	安全
2	2.5%咯菌腈悬浮种衣剂	150～200 毫升加水 1 000～1 500 毫升		安全
3	3%苯醚·甲环唑悬浮种衣剂＋益护	200 毫升＋100～150 毫升加水 1 000～1 500 毫升		安全
4	40%萎锈·福美双悬浮种衣剂	272～328 毫升加水 1 000～1 500 毫升		安全
5	2%戊唑醇湿拌种剂	150～200 克加水 1 000～1 500毫升	防治小麦散黑穗病	不良条件下轻微抑制

②小麦始花期叶面喷雾。25%三唑酮可湿性粉剂 750～1000 克/公顷或 25%咪鲜胺乳油 800～1 000 毫升/公顷、25%丙环唑乳油 500～600 毫升/公顷，药液中加入 98%磷酸二氢钾 2 250～3 000 克、益护 225 克、酿造醋 1 500 毫升混合喷雾，可起到健身、防病、促熟、增产的作用。

③小麦灌浆期叶面喷雾。50%福美双可湿性粉剂 1 500 克/公顷＋98%磷酸二氢钾 2 250～3 000 克/公顷＋益护 225 克/公顷＋酿造醋 1 500 毫升/公顷混合喷雾。

二、小麦叶枯病和颖枯病

小麦壳针孢叶枯病又称小麦斑枯病，发生普遍。

［病原］小麦壳针孢叶枯病菌（*Septoria tritici* Roberge & Deamaz）称小麦壳针孢，小麦颖枯病菌无性态为颖枯壳针孢（*Septoria nodorum* Berk），同属半知菌亚门。

［症状］小麦颖枯病、叶枯病主要发生在叶片和叶鞘上，从下部叶片的叶缘和叶尖开始发生，病斑圆形或梭形，淡绿色或黄白色，并逐渐扩大成不规则淡褐色斑块，其上散生黑色小颗粒，严重时全叶黄

褐色枯死。颖枯病主要发生在颖壳和节部，病斑初为长椭圆形、淡褐色斑，扩大成不规则灰白色斑。颖部病斑生在顶端和上半部的向风一侧，呈灰褐色、边缘褐色的斑点，后扩展到整个颖壳，其上密生小黑点，在乳熟期的症状表现最为明显。

［**发生特点**］以分生孢子器和菌丝体在病残体上越冬。翌春条件适宜，分生孢子器释放出分生孢子，借风、雨传播侵染。该病在低温、高湿条件易发病。

［**防治**］

（1）选用无病种子。颖枯病病田小麦不可留种。

（2）清除病残体，麦收后深耕灭茬。消灭自生麦苗，压低越夏、越冬菌源；实行2年以上轮作；春麦适时早播；施用充分腐熟的有机肥，增施磷、钾肥，采用配方施肥技术，增强植株抗病力。

（3）药剂防治。25％三唑酮可湿性粉剂750～1 000克/公顷或25％咪鲜胺乳油1 050～1 500毫升/公顷、25％丙环唑乳油500～600毫升/公顷，药液中可加入酿造醋1 500毫升/公顷、益护225克/公顷。于小麦始花期叶面喷雾，拖拉机喷雾喷液量每公顷120～200升。

也可选用50％福美双可湿性粉剂1 500克/公顷＋益护225毫升/公顷＋98％磷酸二氢钾2 250～3 000克/公顷＋酿造醋1 500毫升/公顷。于小麦灌浆期叶面喷雾。

三、小麦、大麦赤霉病

小麦、大麦赤霉病又称麦穗枯、烂麦头、红麦头。

［**病原**］有性态玉蜀黍赤霉菌［*Gibberella zeae*（Schw.）Petch］，属子囊菌亚门。无性态为禾谷镰孢菌（*Fusarium graminearum* Schw.），属半知菌亚门。此外，黄色镰孢菌和燕麦镰孢菌等多种镰孢菌也可以引起赤霉病。

［**症状**］苗枯、穗腐、茎基腐、秆腐和穗腐。从幼苗到抽穗都可受害。其中影响最严重的是穗腐。苗腐是由种子带菌或土壤中病残体侵染所致。先是芽变褐，然后根冠随之腐烂，轻者病苗黄瘦，重者死

亡，枯死苗湿度大时产生粉红色霉状物。穗腐在小麦扬花时，初在小穗和颖片上产生水渍状、浅褐色斑，渐扩大至整个小穗，小穗枯黄。湿度大时，病斑处产生粉红色胶状霉层。后期其上产生密集的蓝黑色小颗粒。籽粒干秕，并伴有白色至粉红色霉层。小穗发病后扩展至穗轴，病部枯褐，使被害部以上小穗，形成枯白穗。茎基腐自幼苗出土至成熟均可发生，麦株基部组织受害后变褐腐烂，致全株枯死。秆腐多发生在穗下第一、二节，初在叶鞘上出现水渍状褪绿斑，后扩展为淡褐色至红褐色不规则形斑或向茎内扩展。病情严重时，造成病部以上枯黄，有时不能抽穗或抽出枯黄穗。气候潮湿时病部表现可见粉红色霉层。

［**侵染循环和发病条件**］病菌以病残体上形成的子囊壳或菌丝体越冬。次年条件适宜时，产生子囊壳，放射出子囊孢子进行侵染。赤霉病主要通过风、雨传播，雨水作用较大。地势低洼、排水不良、黏重土壤、偏施氮肥、密度大、田间郁闭发病重，长时间的连续高湿发病重。扬花期最易感病。

［**防治**］

（1）选用抗（耐）病品种。

（2）农业防治。收获及时整地，减少菌源。适时播种，避开扬花期遇雨。采用配方施肥技术，适时施肥，忌偏施氮肥，提高植株抗病力。

（3）播种前进行石灰水浸种。

（4）药剂防治。在预测预报的基础上于小麦初花至盛花期，用25％咪鲜胺乳油 1 050～1 500 毫升/公顷＋益护 225 克/公顷＋米醋 1 500毫升/公顷或 70％甲基托布津可湿性粉剂 750～1 125 克/公顷、50％多菌灵悬浮剂 1 500～1 750 克/公顷＋益护 225 毫升/公顷＋米醋 1 500 毫升/公顷，对水 150 千克，叶面喷雾。

四、小麦散黑穗病

小麦散黑穗病又称黑疸、灰包、乌麦等。一般发病率在 1％～

5%之间。

[病原] 裸黑粉菌［*Ustilago nuda*（Jons.）Rostr.］，属担子菌亚门。

[症状] 主要在穗部发病。带菌植株孕育穗，抽穗前不表现症状，病穗比健穗较早抽出。所有小穗的子房、种皮及颖片均消失而成为黑色粉末，最初病小穗外面包一层灰色薄膜，成熟后破裂，散出黑粉（病菌的厚垣孢子），黑粉吹散后，只残留裸露的穗轴。病穗上的小穗全部被毁或部分被毁，仅上部残留少数健穗。一般主茎、分蘖都出现病穗，但在抗病品种上有的分蘖不发病。散黑穗病菌偶尔也侵害叶片和茎秆，在其上长出条状、黑色孢子堆。

[侵染循环和发病条件] 散黑穗病是系统侵染病害。带菌种子是病害传播的唯一途径。病菌以菌丝潜伏在种子胚内、外表不显症状。当带菌种子萌发时，潜伏菌丝也开始萌发，随小麦生长发育经生长点向上发展，侵入穗原基。孕穗时，菌丝体迅速发展，使麦穗变为黑粉。厚垣孢子随风落在扬花期的健穗上，落在湿润的柱头上萌发产生先菌丝，先菌丝产生4个细胞分别生出丝状结合管，异性结合后形成双核侵染丝侵入子房，在珠被未硬化前进入胚珠，潜伏其中。种子成熟时，菌丝胞膜略加厚，在其中休眠。当年不表现症状，次年发病，并侵入第二年的种子潜伏，完成侵染循环。小麦扬花期空气湿度大，常阴雨天利于孢子萌发侵入；带菌种子多，翌年发病重。

[防治]

（1）设置无病留种田，选用抗病品种都是很好的办法。

（2）药剂防治。参见小麦根腐病药剂拌种。

五、大麦条纹病

[病原] 无性态 *Drechslera graminea*（Rabenh.）Shoem. 为内脐蠕孢属病菌，属半知菌亚门。

[症状] 大麦条纹病是黑龙江省大麦种植的主要病害。是由种子

带菌传播的系统性病害。自幼苗到成株均能发生，大麦地上部均可受害，主要为害叶片和叶鞘。幼苗染病，1、2片幼叶即可发病，但4～5片叶以后发生较多。初生浅黄色斑点或短小的条纹，后随叶片生长，病斑逐渐扩展。分蘖期形成与叶脉平行的细长条纹，病斑由黄色变为褐色。至抽穗期，多数病斑中部草色，边缘褐色。湿度大时长出黑色霉层，即病原菌分生孢子梗和分生孢子。病株提前枯死或矮小，不能抽穗或弯曲畸形，不能结实或不饱满。

[**发病条件**] 种子在土壤中时间过长、出苗慢或苗期生长缓慢，发病重；大麦扬花前后的大气温、湿度适宜。分生孢子萌发的最适温度为25℃，有充足水分（多雨、多雾、湿度大）。在适宜发病条件下，种子带菌量愈大，发病愈重；耕作、栽培措施、作业质量都影响发病。药剂选择不当、拌种质量差，发病重。

[**防治**]

（1）建立大麦无病留种田　精选种子，选择籽粒饱满，生活力强，发芽率高的种子。

（2）种子药剂处理

①用25%三唑酮可湿性粉剂按种子重量的0.15%（有效成分）拌种，防效优异。此外，也可用2%立克秀拌种剂。

②用3%苯醚甲环唑悬浮种衣剂按种子重量的0.2%+0.2%益护拌种或每100千克种子用12.5%R-烯唑醇可湿性粉剂30克+展着剂加水1 000～1 500毫升。

第二节　麦类虫害

一、麦蚜

蚜虫俗称腻虫。麦蚜是为害麦类作物的蚜虫总称。为害麦类作物的蚜虫有麦长管蚜［*Sitobion avenae*（F.）］、麦二叉蚜［*Schizaphis graminum*（Rondani）］，均属同翅目，蚜科。

[**为害状**] 麦蚜苗期多群集中在麦叶背面、叶鞘及心叶处。小麦

拔节、抽穗后，多集中在茎、叶和穗部为害，并排泄蜜露，影响植株的呼吸和光合作用。被害处呈浅黄色斑点，严重时叶片发黄，甚至整株枯死。穗期为害，造成小麦灌浆不足，籽粒干秕，千粒重下降。麦蚜是大麦黄矮病毒传播的重要媒介。

[防治]

（1）农业防治　实施机耕深翻、耙耱镇压、配方施肥等其他农田管理措施，可有效地减少麦蚜越冬卵量和消灭部分蚜虫。随着农业种植结构的调整，调整作物布局，轮作倒茬。

（2）保护利用天敌资源　麦蚜天敌麦蚜的天敌种类很多，常见的有50余种。

（3）药剂防治　50％抗蚜威可湿性粉剂150～225克/公顷或70％吡虫啉水分散粒剂15～20克/公顷、2.5％高效氯氟氰菊酯乳油225毫升/公顷、35％吡虫啉悬浮剂45～80克/公顷、2.5％溴氰菊酯乳油225毫升/公顷＋70％吡虫啉悬浮剂15～20克/公顷、48％毒死蜱乳油600毫升/公顷。对水，叶面喷雾。施药时加入喷雾助剂有利于药效发挥。视虫情10天左右喷1次，防治2～3次。

二、麦红蜘蛛

麦红蜘蛛是蛛形纲动物，包括麦长腿蜘蛛（麦岩螨）［*Petrobia lateens*（Müler）］和麦圆蜘蛛（麦叶爪螨）［*Penthaleus major*（Duges）］两种，俗名均叫火龙。

[为害状] 以成螨或者若螨为害幼苗，刺吸麦叶汁液，破坏叶绿素，妨碍光合作用，使叶片呈白色斑点，后变黄，甚至枯死。叶背为害，先下部叶再转移至上部叶，严重时全株可见。

[防治]

田间每1延长米麦行有麦蜘蛛200头以上或上部叶10％以上叶面有被害斑点时，应及时开展化学防治。药剂喷雾用50％三氯杀螨砜乳油1 500～2 000倍液，每公顷喷液量不少于400千克。

三、黏虫

黏虫（*Leucania separata* Walker），别名粟夜盗虫、剃枝虫。俗名五彩虫、麦蚕等。

黏虫是为害农作物的重要突发迁飞性害虫。主要为害禾谷类农作物及禾本科杂草，如小麦、玉米、谷子、高粱、狗尾草、蟋蟀草、画眉草、马唐等。大发生时也为害水稻、亚麻、甜菜、番茄、豆类等作物。

［**为害特点**］幼虫食叶，大发生时可将作物叶片全部食光，造成严重损失。因其群集性、迁飞性、杂食性、暴食性，成为重要农业害虫。

［**发生特点**］该虫成虫需取食花蜜补充营养，遇有蜜源丰富，羽化的成虫产卵量高。成虫喜在茂密的田块产卵。生产上长势好的小麦、粟、水稻田、生长茂密的密植田及多肥、灌溉好的田块，利于该虫大发生。初孵幼虫有群集性。幼虫取食禾本科植物的发育快，湿度直接影响初孵幼虫存活率的高低。一、二龄幼虫多在麦株基部叶背或分蘖叶背光处为害，三龄后食量大增，五、六龄进入暴食阶段，食光叶片或把穗头咬断，其食量占整个幼虫期90%左右。三龄后的幼虫有假死性，受惊动迅速卷缩坠地，畏光，晴天白昼潜伏在麦根处土缝中，傍晚后或阴天爬到植株上为害。幼虫发生量大，食料缺乏时，常成群迁移到附近地块继续为害，老熟幼虫入土化蛹。

［**防治**］

（1）诱杀成虫　利用成虫多在禾谷类作物叶上产卵习性，在麦田插谷草把或稻草把，诱杀。此外，也可用糖醋盆、黑光灯等诱杀成虫，压低虫口。

（2）根据预测预报　掌握在幼虫三龄前每100株一至二龄幼虫10头以上，三至四龄幼虫30头以上及时喷洒药剂。药剂用90%晶体敌百虫1 000倍液或50%马拉硫磷乳油1 000～1 500倍液、20%除虫脲胶悬剂每公顷用150毫升，对水180千克，叶面喷雾。也可农用飞机超低量喷雾，适用于大面积联防。

（3）防治黏虫药剂还有20%丁硫克百威乳油、40%辛硫磷乳油以及各种菊酯类杀虫剂。2.5%高效氯氟氰菊酯乳油150～225毫升/公顷或2.5%溴氰菊酯乳油150～225毫升/公顷、5%S-氰戊菊酯乳油150～225毫升/公顷、10%顺式氯氰菊酯乳油150～225毫升/公顷、40%辛硫磷乳油750～900毫升/公顷、80%敌敌畏乳油750～1 000毫升/公顷，喷雾防治，每公顷可加入益护225毫升＋米醋1 500毫升混合喷雾。

第三节　麦田杂草防除

安全性好的除草剂可提高小麦产量，提高品质。2,4-D类除草剂用量过高或施药过晚，可减产7%～26%，用量过高对小麦品质有影响；2,4-D丁酯蒸气压较高，喷洒飘移11%～14%，挥发飘移高达12%～19%，易对周围敏感敏感作物造成药害，可用2,4-D异辛酯、2,4-D二甲胺盐代替。

一、一年生和多年生阔叶杂草

（1）90%2,4-D异辛酯乳油500～700毫升/公顷。

（2）20%2甲4氯水剂1 500～2 500毫升/公顷。

（3）75%噻吩磺隆水分散粒剂10～15克/公顷。

（4）75%苯磺隆可湿性粉剂10～15克/公顷。

（5）25%辛酰溴苯腈乳油2 000毫升/公顷。

（6）20%氯氟吡氧乙酸乳油900～1 000毫升/公顷。

（7）48%灭草松水剂2 500～3 000毫升/公顷。

（8）72%2,4-D二甲胺盐水剂900～1 200毫升/公顷。

（9）90%2,4-D异辛酯乳油500毫升/公顷＋48%麦草畏水剂200毫升/公顷。

（10）90%2,4-D异辛酯乳油400毫升/公顷＋48%麦草畏水剂

300 毫升/公顷。

(11) 75%噻吩磺隆可湿性粉剂 10～15 克/公顷＋90%2,4-D异辛酯乳油 400 毫升/公顷。

(12) 75%苯磺隆可湿性粉剂 10～15 克/公顷＋90%2,4-D异辛酯乳油 400 毫升/公顷。

(13) 75%苯磺隆可湿性粉剂 10～15 克/公顷＋72%2,4-D二甲胺盐水剂 450～500 毫升/公顷。

(14) 25%辛酰溴苯腈乳油 1 250 毫升/公顷＋90%2,4-D异辛酯乳油 400 毫升/公顷。

(15) 25%辛酰溴苯腈乳油 1 250 毫升/公顷＋50%2,4-D二甲胺水剂 400～500 毫升/公顷。

(16) 20%氯氟吡氧乙酸乳油 500～700 毫升/公顷＋90%2,4-D异辛酯乳油 400 毫升/公顷。

(17) 20%氯氟吡氧乙酸乳油 500～700 毫升/公顷＋72%2,4-D二甲胺盐水剂 400～500 毫升/公顷。

二、禾本科杂草

6.9%精噁唑禾草灵水乳剂 600～750 毫升/公顷（仅用于小麦田），或 10%精噁唑禾草灵乳油 450～600 毫升/公顷（仅用于小麦田）。对水 100～200 千克，叶面喷雾。

三、野燕麦和阔叶杂草

(1) 40%野燕枯水剂 1 800～2 200 克/公顷＋75%苯磺隆可湿性粉剂 10～15 克/公顷＋75%噻吩磺隆可湿性粉剂 10～15 克/公顷。

(2) 90%2,4-D异辛酯乳油 750 毫升/公顷或 72%2,4-D二甲胺盐水剂 900～1 200 毫升/公顷＋40%野燕枯水剂 800～2 200 克/公顷。

(3) 40%野燕枯水剂 1 800～2 200 克/公顷＋75%苯磺隆可湿性粉剂 10～15 克/公顷＋90%2,4-D异辛酯乳油 400 毫升/公顷。

麦田除草剂杀草谱见表 4-2。

表 4-2　麦田除草剂杀草谱

序号	药剂	杂草																		
		野燕麦	稗草	柳叶刺蓼	酸模叶蓼	卷茎蓼	香薷	藜	反枝苋	苍耳	狼把草	鸭跖草	苘麻	鼬瓣花	蒿属	酸模	问荆	苣荬菜	刺儿菜	大蓟
1	72%2,4-D丁酯乳油、72%2,4-D二甲胺盐水剂	—	—	卌	卌	+	卌	卌	卌	卌	卌	++	++	+	卌	++	卌	++	++	++
2	20% 2 甲 4 氯水剂	—	—	卌	卌	+	卌	卌	卌	卌	++	卌	卌	+	++	++	卌	++	卌	卌
3	75%苯磺隆可湿性粉剂	+	+	卌	卌	++	卌	卌	卌	卌	卌	++	卌	卌	卌	卌	卌	卌	卌	卌
4	75%噻吩磺隆水分散粒剂	—	—	卌	卌	卌	卌	卌	卌	卌	卌	卌	卌	卌	卌	卌		卌	卌	卌
5	48%麦草畏水剂	—	—	卌	卌	卌	++	卌	卌	卌	卌	卌	++	卌	++	卌	卌	卌	卌	卌
6	25%辛酰溴苯腈乳油	—	—	卌	卌	卌	卌	卌	卌	卌	++	++	卌	+	+	+	+	+	+	+
7	20%氯氟吡氧乙酸乳油	—	—	卌	卌	卌	+	卌	+	+	卌	+	卌	—	+	+	+	+	+	
8	40%野麦畏乳油	卌	—	—	—	—	—	—	—	—	—	—	—	—	—	—	—	—	—	—
9	40%野燕枯水剂	卌	—	—	—	—	—	—	—	—	—	—	—	—	—	—	—	—	—	—
10	*6.9%精噁唑禾草灵水乳剂	卌	卌	—	—	—	—	—	—	—	—	—	—	—	—	—	—	—	—	—
11	6.9%精噁唑禾草灵水乳剂+安全剂	卌	卌	—	—	—	—	—	—	—	—	—	—	—	—	—	—	—	—	—
12	48%灭草松水剂	—	—	卌	卌	++	卌	卌	卌	卌	卌	++	++	+	卌	+	+	卌	卌	++
13	36%禾草灵乳油	卌	卌	—	—	—	—	—	—	—	—	—	—	—	—	—	—	—	—	—

注：卌防治效果 95%～100%；++防治效果 90%～95%；+防治效果 80%～90%；防治效果 80%以下。*标识的除草剂仅用于小麦田。

第四节　麦类作物生长调控

一、麦类抗倒伏

小麦、大麦 3～4 叶期用 20%矮壮·甲哌鎓水剂 450 毫升/公顷+益护 225 毫升/公顷+酿造醋 1 500 毫升/公顷，叶面喷雾。

二、除草剂药害

2，4-D丁酯，2甲4氯等用量过高或施药过早、过晚会造成明显药害。野燕枯在高温条件下或用药量过高时对小麦有药害，抑制小麦生长。而长残留除草剂如氯嘧磺隆、咪唑乙烟酸对麦类会造成严重的残留药害。前茬异噁草松用量过大，易对麦类造成严重的药害。

缓解和恢复生长的措施：

残留药害，在麦类三叶期或 2，4-D药害在药害发生 1 周内，选用益护 450～600 毫升/公顷或益护 350～400 毫升/公顷+0.136%赤·吲乙·芸薹可湿性粉剂（碧护）30～45 克/公顷、0.136 赤·吲乙·芸薹可湿性粉剂（碧护）45～75 克/公顷，喷雾，7～10 天后，尿素 5～6 千克/公顷+米醋 3 千克/公顷，喷雾或单喷施氨基酸叶面肥。

麦类各阶段植保农时见表 4-3。

表 4-3　麦类各阶段植保农时表

作物	时　　期	措　　施	防治对象
小麦	整个生长发育阶段	加强栽培管理，标准化作业	健身防病
	播前	药剂拌种	防治根腐病、腥黑穗病、散黑穗病、颖枯病等
	作物分蘖期	化学除草	杂草
	小麦分蘖期防治	防病	小麦叶枯病和颖枯病
	小麦始花期防治		
	小麦灌浆期防治		
	小麦初花至盛花期		小麦赤霉病
	小麦始花期		小麦根腐病
	小麦灌浆期		

（续）

作物	时　期	措　施	防治对象
小麦	7月上、中旬低龄幼虫发生期	防虫	黏虫
	害虫发生期		麦蚜
大麦	整个生长发育阶段	加强栽培管理，标准化作业，促进早出苗，健壮生长	健身防病
	播前	药剂拌种	防治大麦条纹病
	作物分蘖期	化学除草	杂草
	7月上、中旬低龄幼虫发生期	防虫	黏虫
	害虫发生期		麦蚜

第五章

马 铃 薯

黑龙江省地处高寒地区，气候冷凉，日照充足，昼夜温差大，病毒传播媒介少，具有得天独厚的马铃薯生产条件，种植面积逐年扩大。

第一节　马铃薯病害

严重影响马铃薯产量和品质的病害有病毒病、晚疫病、早疫病、黑胫病、立枯丝核菌病、环腐病、疮痂病。

一、马铃薯晚疫病

马铃薯晚疫病，又称马铃薯瘟病，是马铃薯生产中的一种毁灭性病害。在我国马铃薯各种植区普遍发生。该病发生和流行的气候因素明显，一般减产 20%～40%。黑龙江省在不同年份差异较大，重发大年份减产可达 50%。

［病原］ 致病疫霉菌［*Phytophthora infestans*（Mont.）de Bary］，属鞭毛菌亚门，霜霉目。病原菌具有生理分化，存在复杂的毒力型（生理小种）。

［症状］ 病菌侵染马铃薯的叶、茎和薯块。多从叶尖或叶缘侵染。叶片被侵染后，出现水渍状斑，很快变为淡褐色斑。当田间湿度大时，病斑周围组织被快速侵染，组织变成坏死状绿色，似晕圈状。晕圈宽 3～5 毫米，可看到稀疏的白色霉轮，即病菌的孢囊梗和孢子囊，

这种特征在叶片背面更为明显，病斑迅速扩大，呈褐色，病菌继续在病斑外向健康组织扩展，无明显的侵染界限。气候干燥时，病斑变褐干枯，质脆易裂，见不到白色霉轮，病斑扩展慢；发病严重时，病斑可扩展到主脉、叶柄和茎上，产生褐色条斑，叶片萎蔫、下垂、卷缩，导致植株变为焦黑，全田呈现一片枯焦，若植株枯死后田间湿度增加，则叶片发生腐烂，并散发出腐败气味。块茎发病后在表面产生淡褐色或灰紫色的不规则病斑，略凹陷，发病部位上的薯肉呈褐色坏死，逐渐由病部向健康组织扩展，以致感染其他杂菌引起腐烂。

［**发病条件**］温度12～25℃，相对湿度70%以上就可发病。温度18～22℃，相对湿度90%以上时大发生，95%以上大流行。连雨天，发病重。雨、雾天利于发病、大流行。28℃以上高温可抑制该病的发生。品种抗性差或多品种混种易相互感染，易造成大发生。种薯生产技术不规范，管理疏漏，病薯入窖或种薯带菌，储藏时窖内消毒不彻底等情况下易发病。

［**防治**］

（1）选用抗病品种。高感品种有东农303、荷兰7（费乌瑞它、鲁引1号、favorite）、荷兰15；中感品种有大西洋、布尔班克、中薯1号；轻感品种有夏波蒂、中薯5号、延薯4号；轻抗品种有克新12、克新13、花525；中抗品种有克新1号、克新16、克新17、克新18、良四、东农306；高抗品种有普兹内依兹、陇薯3号、俄8、克新4号、克新14、克新15、克新18、克新19。

（2）药剂防治

马铃薯晚疫病防治配方见表5-1。

表5-1　马铃薯晚疫病防治配方

防治建议	药剂防治配方（每公顷用药量）	兼防
预防	40%百菌清悬浮剂2 000～3 000克+益护225克+酿造醋1.5升混合，喷雾 80%代森锰锌可湿性粉剂1 500～2 250克	早疫病

（续）

防治建议	药剂防治配方（每公顷用药量）	兼防
预防和治疗	68%精甲霜·锰锌水分散粒剂 1 500～1 800 克 64%噁霜·锰锌可湿性粉剂 1 800～2 500 克 58%锰锌·甲霜灵可湿性粉剂 1 800～2 250 克 72%霜脲·锰锌可湿性粉剂 1 500～2 000 克 69%烯酰·锰锌可湿性粉剂 750～900 克 687.5 克/升氟菌·霜霉威悬浮剂 800～1 000 毫升	

施药时期和次数：施药次数和间隔时间可根据气象条件和品种的抗病特性而定。降雨多、雨日多、感病品种应增加喷药次数、缩短间隔天数至 5～7 天，且交替用药，如精甲霜·锰锌、噁霜·锰锌、霜脲·锰锌、氟菌·霜霉威等交替使用，可起到良好的防治效果。

感病品种应在马铃薯 6～8 叶，块茎形成期（发棵期）喷 1 次，隔 7～10 天喷第 2 次。发病初期，连喷 2～3 次，每次间隔 7～10 天。种薯生产田应全生育期用药剂防治，确保种薯质量。

抗病品种应根据气象条件和病害的流行趋势，在田间出现中心病株时，连续施药 2～3 次，每次间隔 7～10 天，交替用药。含锌、锰、铜的制剂最多使用 2 次，过多易引起马铃薯中毒。

马铃薯 3～4 叶期，7～8 叶期用 0.136%赤·吲乙·芸薹可湿性粉剂（碧护）30～45 克/公顷＋禾生素 750 毫升/公顷＋益护 300 毫升/公顷或 0.136 赤·吲乙·芸薹可湿性粉剂（碧护）30～45 克/公顷＋稼得康 750 毫升/公顷＋益护 300 毫升/公顷或于发病初期用禾生素 450～600 毫升/公顷＋稼得康 450～600 毫升/公顷＋稼得康 450～600 毫升/公顷＋益护 300 毫升/公顷，可诱导马铃薯产生多种抗病酶类，诱导马铃薯抗病、抗逆，并可提高淀粉含量。

二、马铃薯早疫病

马铃薯早疫病，又称轮纹病。在各马铃薯种植区都有分布。块茎发病导致马铃薯的食用品质降低。

[病原] 茄链格孢菌［*Alternaria solani*（Ell. et Mart.）Jones et Grout.］，属半知菌亚门。

[田间症状] 病菌主要侵染叶片，叶柄、茎、块茎等也可被侵染。植株下部较老叶片首先发病，病害逐渐向上部叶片蔓延。叶片发病后，产生黑褐色、圆形或近圆形、具有同心轮纹特征的病斑。气候潮湿时，病斑上生出黑色霉层。严重发病的叶片干枯脱落，植株变褐死亡，田间一片枯黄。块茎染病后产生黑褐色、圆形或近圆形的病斑，大小不一，大的直径可达 2cm；病斑边缘分明，微凹陷，边缘略突起，有的老病斑表面出现裂纹。病斑下部的薯肉组织呈浅褐色海绵状干腐。

[侵染循环和发病条件] 病菌存在于植物残体、病薯、土壤或其他茄科寄主植物上。在适宜条件下，病菌经气孔、伤口或表皮直接侵入植株组织，经 2～3 天的潜育期，即可出现病斑。病斑上产生的分生孢子借风雨传播，在田间进行多次再侵染。在气候干、湿交替时期，病害发展迅速。茎叶的田间抗病性与植株的成熟度有关。晚熟品种比较抗病。

[防治] 药剂防治配方见表 5-1 马铃薯晚疫病防治配方。防治早疫病，50%异菌脲可湿性粉剂或 25%嘧菌酯悬浮剂与 80%代森锰锌混施防效好；25%嘧菌酯悬浮剂、72%霜脲·锰锌可湿性粉剂等药剂分期交替用药，兼防早疫病和晚疫病；保护性药剂在发病前使用。另外，在病害防治上提倡科学合理用药，片面认为药量越大防效越好，只能是病害越防越重，得不偿失。

施药时期：早疫病发生初期，隔 7～10 天施药 1 次，连续施药 2～3 次，每公顷加入益护 225 克＋酿造醋 1.5 升混合喷雾，可以起到健身防病、促熟、增产的作用。

[早疫病与晚疫病的区别] 早疫病的病斑一般呈褐色干枯状，呈圆形或不规则形，有同心轮纹，病斑扩散易受叶脉限制，病斑易碎，不产生白色霉状物；晚疫病病斑扩展不受叶脉限制，没有同心轮纹，

其上的白色霉层十分明显。

三、马铃薯黑胫病

马铃薯黑胫病是对马铃薯生产有重要影响的病害，在各马铃薯种植区都有不同程度的发生，发病率一般为2%～5%，严重的可达40%～50%。发生严重时，块茎腐烂，造成缺苗断垄。

［**病原**］马铃薯黑胫和软腐病由胡萝卜欧文氏菌黑胫亚种［*Erwinia carotovora* subsp. *atroseptica*（van Hall）Dye］引起。属原核生物界，薄壁菌门。病菌生长适宜温度为25～27℃。另外两种欧文氏菌：*E. carotovora* subsp. *carototwora* 和 *E. chrysanthemi* 也是马铃薯黑胫病重要致病菌。

［**田间症状**］病害在整个生育期都可发生。主要为害植株地上茎和块茎。严重感染的种薯播种后在土壤中腐烂，未出土前即发生烂芽，或出土幼苗很快死亡，造成断垄。发病较轻的种薯出苗后，病原菌由薯块向上扩展，植株一般在苗高10～20cm时表现症状，茎基部土壤内茎秆出现典型的墨黑至浅褐色腐烂，形成“黑胫”，病株矮小、僵直，叶片褪绿、黄化，小叶边缘向上卷曲。环境潮湿时，病株很快萎蔫、枯死。新生薯块感病，从蒂端开始变褐腐烂，纵切病薯，可见病健交界处有一条明显的黑线，病组织变软，常形成黑色孔洞。干燥时，块茎蒂端干缩变硬，但感病轻的薯块则无明显症状。

［**发病特点**］病菌主要通过种薯传播，经伤口侵入。切薯时切刀带菌传染是病害传播的主要途径。土壤中残留的病薯和病残体也是初侵染源之一。病菌从母薯块通过维管束进入植株地上茎。在发病后期，病菌又从地上茎通过匍匐茎传入新生的块茎，引起薯块发病。漫灌、喷灌、雨水溅射、昆虫为害都能够导致田间病害传播。在田间，冷凉、潮湿有利于胡萝卜欧文氏杆菌黑胫亚种的为害；温暖、潮湿条件有利于 *E. carotovora* subsp. *carototwora* 侵染。土壤黏重、排水不良、灌水过多过频、土壤湿冷、植株生长弱等因素都有利于

发病。

［防治］

（1）应用无病种薯。建立无病留种田，采用无病种薯播种。

（2）种薯药剂处理可减轻危害。见第三节表 5 - 6 种薯药剂处理配方表。

（3）苗后叶面喷施 77%硫酸铜钙可湿性粉剂，可减轻为害。

四、马铃薯立枯丝核菌病

马铃薯立枯丝核菌病是马铃薯上的常见病害。分布广泛，在全国各种植区普遍发生。马铃薯立枯丝核菌病又称黑痣病、茎基腐病、丝核菌溃疡病、黑色粗皮病，是以带病种薯和土壤传播的病害。

［病原］致病菌为立枯丝核菌（*Rhizoctonia solani*），属半知菌亚门。

［田间症状］主要为害幼芽、茎基部和块茎。幼芽染病，未出土者造成腐烂，形成芽腐，导致缺苗；出土后染病，开始下部叶片发黄，茎基部产生褐色凹陷斑，大小 1～6 厘米。病斑及其周围常覆紫色菌丝层。有时茎基部及块茎上生大小不等（1～5 毫米）、形状各异（块状或片状）的菌核。轻病株症状常不明显，重病株可形成立枯或顶部萎蔫，或叶片出现卷曲状。

［发生特点］病菌以菌核在病薯块上或残落于土壤中越冬。带菌种薯是翌年的主要初侵染源，又是远距离传播的主要途径。播种病薯或在病土中播种，病菌可在幼芽经伤口或直接侵染，引起发病，造成芽腐或以后形成病苗。病菌可经风雨、灌水、昆虫和农事操作等传播，扩大为害。以后上下扩展造成地上萎蔫或地下薯块带菌，产生菌核再行越冬。病菌喜温暖、潮湿的条件。土温 23℃左右，潮湿情况下，发病严重。后期菌核形成需 23～28℃的较高温度。在北方，春寒、潮湿条件易发病。春季播种早，土温较低时发病重。土质黏重、低洼积水的返浆地，不易提高地温，易诱发病害。病区连作地发病率较高。

［**防治**］

（1）用抗病品种　各地可因地制宜选择农艺性状和抗性优良的品种。

（2）应用无病种薯　建立无病留种田，采用无病种薯播种。

（3）改善耕作制度　重病区适当轮作；选择较高地势种植；重病地区、土质黏重地块、低洼积水地区、高海拔冷凉山区，尤其应适期晚播，防止地温过低诱发病害。

（4）种薯药剂处理　见本章第三节表 5-6 种薯药剂处理配方。

五、马铃薯环腐病

马铃薯环腐病在我国大部分马铃薯种植区有发生，局部地区为害严重。环腐病是一种细菌性的维管束病害。在马铃薯生长和储藏期都可以发生。

［**病原**］马铃薯环腐病由细菌密执安棒状杆菌环腐亚种［*Clavibacter michiganensis* subsp. *sepedonicus*（Cms）］引起的。

［**田间症状**］病害引起的植株地上部症状通常在生长中后期发生，表现为枯斑和萎蔫两种类型。枯斑型多从植株下部叶片开始发病，初期症状为叶脉间褪绿发黄，但叶尖、叶缘及叶脉仍为绿色，叶片边缘或全叶逐渐枯黄，叶缘向上卷曲。病情向上部叶片扩展，导致全株叶片枯死。萎蔫型属于急性发病的症状，叶缘向内卷曲，叶片下垂，但不变色；发病较轻的植株仅部分叶片和枝条萎蔫，发病严重的则大部分叶片和枝条萎蔫，甚至全株倒伏枯死。病株的茎和根部维管束变为乳黄色至黄褐色，有时溢出白色菌脓。块茎被侵染后，外表一般无明显症状，切开后可见维管束变为淡黄色、乳黄色，发病严重时的维管束全部变色。病菌侵染维管束的周围组织，形成环状腐烂，使皮层与髓部分离。经贮藏，块茎芽眼变黑、干枯，表皮龟裂，播种后腐烂而不能出芽或出芽后枯死。

［**发生特点**］病菌在种薯中越冬，成为翌年初侵染源。病害传播途径主要是在切薯块时，病菌通过切刀带菌传染。带菌薯块播种后，

幼芽萌发出土时，病原菌大量繁殖，并侵入芽的维管束，并随茎叶的发育沿维管束系统向上扩展形成系统侵染，导致植株地上部发病。在马铃薯生长后期，病原菌沿维管束经由匍匐茎侵入新的块茎，造成环腐。适合病菌生长的温度为20～23℃。

[防治] 建立无病留种田。见本章第三节马铃薯病虫害综合防治技术。

六、马铃薯青枯病

青枯病又称细菌性萎蔫病。病原为假单胞杆菌属（*Pserdomonas solanacearum* Smith）。该菌在土壤中越冬，可在土壤中存活6～7年。本病为害块茎和地上部的茎叶，属维管束类型的病害，易发生在幼小植株上。发病初期，白天温度高时茎叶萎垂，傍晚恢复，4～5天后，全株茎叶萎垂死亡，但仍呈青绿色。

[防治] 参见本章第三节 马铃薯病虫害综合防治技术。

七、马铃薯病毒病

马铃薯病毒病是马铃薯上的主要病害，为害严重，可引起植株矮化，叶片皱缩，结薯小而少，甚至不结薯，也是造成马铃薯退化、减产的重要原因。

[病原] 马铃薯病毒病通常是由一种病毒或多种病毒混合侵染的。在田间常见的有花叶、卷叶和坏死3种病害类型。在田间花叶型病毒病占病毒病的95%。在生产上为害较重的病毒病有马铃薯Y病毒（PVY）、马铃薯X病毒（PVX）、马铃薯卷叶病毒（PLRV）、马铃薯块茎类病毒（PSTV）、马铃薯帚顶病毒（PMTV）和tobacco rattle virus。通常种薯带毒下叶卷曲，传染为上叶带毒。

[症状]

（1）花叶病　叶片呈浓淡绿相间或黄绿相间斑驳花叶。严重时，叶片有卷曲、脉缩、全株矮化的症状。

（2）卷叶病　叶片沿主脉或自边缘向内翻转、变硬、革质化。严重时，每张小叶呈筒状。实验室检测，PLRV在90秒内就可侵染健康植株。不能通过汁液接触传播，只能通过蚜虫传毒。

（3）马铃薯帚顶病块茎表面出现轮纹或褐色坏死斑，茎秆矮化，上部叶片出现苍白色V形斑。病毒靠土壤带毒侵染块茎。发病轻时，仅茎秆表现病症。

（4）马铃薯块茎类病毒　束顶型的叶与茎成锐角向上束起，叶变小，常卷曲，顶部叶片呈紫红色。块茎由圆变纺锤形，芽眼突出，表皮有裂纹。

（5）烟草病毒　由线虫传播。

［**防治**］防治病毒病的有效办法是建立无毒种薯繁育基地，采取茎尖脱毒技术生产脱毒种薯；生产田及时防治蚜虫。蚜虫防治，见本书第二章，第二节。

八、马铃薯线虫病

有马铃薯胞囊线虫、马铃薯腐烂茎线虫、奇氏根结线虫、鳞球茎线虫等。

受线虫为害后马铃薯植株矮化，叶片小、黄化、卷曲，茎肿大。受害重的植株则叶片全部枯死，植株早死。地下根系小，侧根减少，形成短粗根，次生根坏死，发育不良，结薯小而少。有的块茎呈灰褐色凹陷。

［**防治方法**］与禾谷类作物长期轮作，多施充分腐熟的有机肥，种薯储藏时喷洒杀虫剂。

九、马铃薯缺素症

缺氮：底叶变黄，植株矮小。

缺磷：植株较小，叶片深绿色。严重缺磷时，叶片边缘卷缩。块茎内部有锈黄色的坏死斑。

缺钾：叶片深绿或呈青铜色，有光亮。块茎顶部及表面易出现黑色斑点。

缺镁：叶片浅绿，叶脉间黄绿，叶缘绿色或黄绿色。

缺锰：沿叶主脉和侧脉易出现黑色斑点。

缺钙：叶片呈黄绿色，顶叶叶尖卷曲，边缘坏死。缺乏严重时，生长点死亡，产生多侧分支。

增加土壤通透性，提高土壤保水肥能力，测土配方施肥，多施有机肥。

马铃薯病害防治见表 5－2。

表 5－2　马铃薯病害防治

病害名称	使用时期及使用次数	药　剂	备　注
马铃薯早疫病	马铃薯封垄前或发病前开始喷洒，隔 7～10 天 1 次，连续防治 2～3 次	①25％嘧菌酯悬浮剂 ②64％噁霜·锰锌可湿性粉剂 ③80％代森锰锌可湿性粉剂 ④40％百菌清悬浮剂	
马铃薯晚疫病	施药次数和间隔时间可根据气象条件和品种的抗病特性而定。降雨多、雨日多、感病品种应增加喷药次数，缩短间隔天数至 5～7 天，且交替用药，如金雷、杀毒矾等交替使用	①68％金雷（金雷多米尔） ②722 克/升霜霉威盐酸盐水剂 ③72％霜脲·锰锌可湿性粉剂 ④69％烯酰·锰锌可湿性粉剂 ⑤68.75％氟菌·霜霉威悬浮剂 ⑥64％噁霜·锰锌可湿性粉剂	
马铃薯早疫病、晚疫病	马铃薯晚疫病和早疫病发病前施药，两种药剂交替使用，间隔 10 天左右	25％嘧菌酯＋0.4％低聚糖素	推荐配方
		①75％百菌清可湿性粉剂 ②69％烯酰·锰锌	预防药剂
		①68％精甲霜·锰锌水分散粒剂 ②58％锰锌甲·霜灵可湿性粉剂 ③72％霜脲．锰锌可湿性粉剂 ④64％噁霜·锰锌可湿性粉剂	发病急救药剂

第二节　马铃薯虫害

马铃薯害虫主要有二十八星瓢虫、金针虫、东北大黑鳃金龟、地老虎等。

一、茄二十八星瓢虫

茄二十八星瓢虫［*Henosepilachna vigintioctopunctata*（Fabricius)］，属鞘翅目，瓢虫科。黑龙江以幼虫为害马铃薯。此虫寄主很多，主要为害茄科植物，田间为害龙葵和马铃薯，剥食叶肉，残留表皮。

［生活习性］在黑龙江省成虫每年 5～6 月出来活动，先在野生茄科等植物上取食，6 月中旬左右大部分成虫转移动马铃薯上为害，在马铃薯叶背产卵。6 月下旬至 7 月上旬为第 1 代幼虫为害盛期。

［防治］害虫发生时每公顷用 2.5％高效氯氟氰菊酯水乳剂 200～300 毫升或 5％S-氰戊菊酯乳油 200～300 毫升、2.5％溴氰菊酯乳油 200～300 毫升。防治时每公顷可加入益护 225 克＋酿造醋 1.5 升，混合喷雾。

二、斑须蝽

斑须蝽［*Dolycoris baccarum*（Linnaeus)］，属半翅目，蝽科。黑龙江以成虫、若虫在马铃薯开花期为害最盛。成虫、若虫为害马铃薯上部幼嫩叶片，吸食汁液，造成花蕾萎蔫。

长期干旱有利于斑须蝽发生。

［防治］见第二章，第二节 斑须蝽防治。

三、金针虫

见第二章，第二节 金针虫。

第三节 马铃薯种薯病虫害综合防治技术

马铃薯病虫害防治应区别种薯、菜用薯和加工薯。严格按种薯生产规程精选良种、轮作及科学防治。菜用薯及加工用薯应严格按农药使用准则施用化学农药，符合生产无公害食品的要求。马铃薯种植不宜重茬。宜选取麦茬、豆茬、玉米茬等茬口；不宜选择辣椒、茄子、番茄、甘蓝、白菜等茄科或十字花科作物茬口。合理轮作可有效降低土传病害的为害。推荐整薯播种，是减少马铃薯环腐病、黑胫病、软腐病等病害的有效措施。

马铃薯苗后病、虫害以晚疫病、早疫病对产量的影响最大，金针虫等地下害虫会严重影响品质。近两年黑痣病、黑胫病等由于种薯和气候等原因，在全省范围内为害有加重的趋势。因此，除严格把好种薯处理关外，还应重视栽培、耕作等农艺措施，并及时开展化学防治。马铃薯应采用 80 厘米以上大垄栽培技术，有利于中耕扶垄，抗旱、防涝，可以减轻病虫为害，提高品质。

马铃薯细菌病害如黑胫病、环腐病、青枯病、软腐病害属维管束病害，系统侵染，主要靠种薯传播。选健薯、切刀消毒和种薯处理；种薯储藏时选择无机械损伤的无病种薯。

一、种薯选择

马铃薯种薯的选择是马铃薯种植上最重要的环节之一。优良的脱毒种薯是马铃薯获得持续高产、稳产的基本条件。通过种薯的选择可有效降低病毒病、黑胫病、环腐病等病害的发病程度。而品种的选择则应考虑用途、熟期等因素，找准市场，实现高产量、高效益。

采购的种薯应有种子检验部门的种子检验合格证和植保部门的产地检疫合格证。种薯应在马铃薯计划种植的上一年于苗期、块茎形成期（发棵期）、收获期等到种薯生产田实地查验，符合以下标准才可选做种薯（表 5 - 3，表 5 - 4）。

表 5-3 各级别种薯带病及混杂植株的最高允许率

种薯级别	第一次检验					第二次检验					第三次检验				
	病害及混杂株（%）					病害及混杂株（%）					病害及混杂株（%）				
	类病毒植株	环腐病植株	病毒病植株	黑胫病和晚疫病植株	混杂植株	类病毒植株	环腐病植株	病毒病植株	黑胫病和晚疫病植株	混杂植株	类病毒植株	环腐病植株	病毒病植株	黑胫病和晚疫病植株	混杂植株
原原种	0	0	0	0	0	0	0	0	0	0	0	0	0	0	0
一级原种	0	0	≤0.25	≤0.5	≤0.25	0	0	≤0.1	≤0.25	0	0	0	≤0.1	≤0.25	0
二级原种	0	0	≤0.25	≤0.5	≤0.25	0	0	≤0.1	≤0.25	0	0	0	≤0.1	≤0.25	0
一级种薯	0	0	≤0.5	≤1.0	≤0.5	0	0	≤0.25	≤0.5	≤0.1					
二级种薯	0	0	≤2.0	≤3.0	≤1.0	0	0	≤1.0	≤2.0	≤0.1					

表 5-4 种薯的块茎质量指标

块茎病害和缺陷	允许率（%）		
	原原种	原种	合格种薯
环腐病	0	0	0
湿腐病和腐烂	0	≤0.1	≤0.1
干腐病	0	≤0.5	≤1.0
疮痂病、黑痣病和晚疫病			
轻病症状（1%～5%块茎表面有病斑）	0	≤5.0	≤10.0
中等症状（5%～10%块茎表面有病斑）	0	≤2.5	≤5.0

（续）

块茎病害和缺陷	允许率（%）		
	原原种	原种	合格种薯
有缺陷薯（冻伤除外）	0	≤0.1	≤0.1
冻伤	0	≤2.0	≤4.0
品种混杂	0	≤1.0	≤2.0

二、种薯收获及储藏

马铃薯种薯要提早收获。收获时应防机械损伤，入窖前需晾晒，严格挑选出畸形薯、病薯。做好窖内清理和消毒，清除表土，换新土，撒石灰，用百菌清烟雾剂熏蒸 24 小时或用 72%克露、68%金雷喷雾杀菌。

保持马铃薯种用品质，尽量降低储藏期间的自然消耗。储藏量为窖容量的 1/3～1/2。窖内温度 2～3℃，1℃以下窖边土豆易受冻；湿度控制在 85%～90%。窖内有光，可使表皮变绿，抑制病菌侵染。保持通风，保证空气清洁；二氧化碳（CO_2）多影响种薯发芽，植株生长不良。

马铃薯秋收和窖藏期间病害见表 5-5。

表 5-5　马铃薯主要病害秋收和窖藏期间为害及症状区别

项目		环腐病	黑胫病	干腐病	晚疫病
秋收期间	为害量	可大量为害	可大量为害	只有少数为害	可大量为害
	为害特点	受害与种薯带病有关，与土地条件无关。田间可见严重被害状：薯皮爆裂，像煮熟而开花的样子	受害与种薯带病有关，过水地较严重。田间可见严重被害状：薯皮爆裂，像煮熟而开花的样子	为害较轻	秋雨多的年份重，下湿地，生长繁茂处重

（续）

病害项目		环腐病	黑胫病	干腐病	晚疫病
窖藏期间	表面症状	细菌通过匍匐茎维管束侵染薯块，基部皮色稍变暗，用手压发软	细菌主要通过匍匐茎维管束侵染薯块，基部皮色为黑褐色	真菌通过伤口侵染薯块，受害部分皮色变黑，中间凹陷，用手压易破	真菌通过皮孔、芽眼等处侵染薯块，受害部分最初为褐色小点，逐渐扩大，病斑凹陷
	切面症状	环状的维管束受害，为乳黄色，用手挤压有乳黄色浓稠的菌脓溢出，严重时薯心与皮部分离，或被杂菌侵染变为软腐或干腐	维管束受害变为褐色，用手挤压有灰色菌脓溢出，严重时向内扩展变为深褐色，或被杂菌侵染变为软腐或干腐	由外向内扩展，受害部位变为褐色，中间形成空腔，腔壁上着生白色或黄白色绒毛状菌丝	由外向内扩展，被害部分为红褐色，后期可被杂菌侵染全部呈干腐或软腐状腐烂

三、种薯处理

（一）消毒、困种、催芽

种薯在播种前15～20天出窖，出窖时仔细剔除病薯。用1%的石灰水或0.1%的高锰酸钾液浸1小时后，晾干，或用0.2%的福尔马林液喷洒薯堆或浸种薯5分钟后，用薄膜覆盖闷蒸2小时，再摊开晾干。然后袋装，并置于室内通风良好的台架上，室内或室外散射光下，温度13～15℃，困种10～15天，进一步剔除病薯。困种结束后，重新装入网袋或网箱，置于散射光下催芽，没有条件的可码小垛或散堆，摊薄催芽，应做到即时翻垛，降低水分，保证催芽均匀，催芽时间3～5天。芽长：人工播种1厘米，机械播种0.5厘米。

（二）切薯

切薯应符合操作规范。不严格按切薯操作要求切薯或剔除病薯的，极易造成病原菌在薯块间传播，健薯被感染发病，晚疫病、环腐病、黑胫病等发病会加重。

切薯时，应配备足够切刀。每当切到带病薯块，应即时换消过毒的切刀，并剔除病薯。切到病薯的切刀放在消毒液中浸泡不少于10分钟。切刀消毒液可以选用200倍漂白粉溶液或75%酒精、0.1%～0.2%高锰酸钾液或3%来苏儿液。

切薯时间以播种前1天为宜。切薯过早，通风不良时，易感染病菌，造成腐烂；切块过晚，伤口未充分愈合，在田间仍易感染病菌。

(三) 种薯药剂处理

种薯切块后，针对不同防治目标按表5-6进行药剂处理，可减缓或减轻目标病、虫害的为害程度。

表5-6　种薯药剂处理配方

序号	配　方（每100千克薯块）	病　害						地下害虫	拌种方法
		茎基腐病	晚疫病和早疫病	立枯丝核菌病（黑痣病）	黑胫病	软腐病	环腐病		
1	2.5%咯菌腈悬浮种衣剂100毫升+70%噻虫嗪种子处理可分散粉剂7.5～10毫升	√		√				√	将药剂加7～10倍清水配制成药液，待种薯切块切面风干后拌种
2	70%甲基硫菌灵可湿性粉剂100克+72%农用硫酸链霉素可湿性粉剂20～30克	√		√	√	√	√		将药剂加7～10倍滑石粉混匀配制成药粉，待种薯切块切面略干后拌种
3	58%锰锌·甲霜灵可湿性粉剂50克+70%甲基硫菌灵可湿性粉剂100克+72%农用硫酸链霉素可湿性粉剂20～30克	√	√	√	√	√	√		

注意事项：如种薯质量差，带毒率高、细菌性病害黑胫病、环腐病、软腐病等比例高，药剂配方不合理，拌种会加重病害。药剂拌种应随拌随播，以免发生药害。

第四节　马铃薯化控技术

一、马铃薯生长期化控技术

开花前结合防病喷叶面肥，康朴凯普克0.3～0.5千克/公顷（或益护300毫升加米醋1.5千克）+98%磷酸二氢钾3千克/公顷；在开花初期，叶喷0.2%硼酸可提高单株结薯数和大薯率，起到增产作用。在块茎形成期（发棵期）可依据气象条件采取化控措施，可叶面喷洒15%多效唑可湿性粉剂150～225克/公顷或20%矮·甲派水剂300～400克/公顷，增产效果明显。注意事项：浓度过大会造成畸形薯率增加，喷得过早或过晚影响植株生长。

二、收获前灭秧

作用：降低田间湿度，便于收获。在收获前一周杀秧，推荐机械杀秧，不具备条件的采用药剂杀秧，少光照天气可能影响到薯块质量。采用药剂20%的敌草快水剂，施用量3 000～3 750毫升/公顷，均匀喷施，即可达到杀秧效果。

三、施药技术要点

防病、灭虫喷液量：人工150～300升/公顷，拖拉机100～150升/公顷，飞机15～30升/公顷。拖拉机喷雾在药液中加入喷液量0.5%～1%药笑宝或信得宝等植物油型喷雾助剂或加入喷液量0.1%的有机硅助剂展透、展扩或湿润。在非干旱条件下有明显的增效作用，并可适当降低用药量；在干旱条件下亦有稳定的药效。

第五节　马铃薯田杂草防除

马铃薯化学除草主要以苗前土壤处理为主。可使用的除草剂有精异丙甲草胺、异丙甲草胺、乙草胺、嗪草酮、灭草松、二甲戊灵等。其中精异丙甲草胺、乙草胺和嗪草酮混用，杀草谱宽，对马铃薯安全。施用过嗪草酮的地块，种植甜菜应间隔 18 个月。

马铃薯田化学除草结合机械灭草，及时中耕培土，消灭田间杂草。

一、苗前化学除草

(一) 播前

48%氟乐灵乳油 1 000～1 500 毫升/公顷+70%嗪草酮可湿性粉剂350～700 克/公顷。

(二) 播前或播后苗前

(1) 96%精异丙甲草胺乳油 800～1 000 毫升/公顷+90%乙草胺乳油 800～1 000 毫升/公顷+70%嗪草酮可湿性粉剂 350～700 克/公顷。

(2) 96%精异丙甲草胺乳油 1 000～1 800 毫升/公顷+70%嗪草酮可湿性粉剂 350～700 克/公顷。

(3) 90%乙草胺乳油 1 500～2 000 毫升/公顷+70%嗪草酮可湿性粉剂 350～700 克/公顷。

土壤有机质含量高、岗地、偏旱、高温等条件下用高量，反之用低量。

二、苗后化学除草

(1) 12.5%稀禾定机油乳剂 1 200～1 500 毫升/公顷+70%嗪草酮可湿性粉剂 350～700 克/公顷，马铃薯拱土期到株高 12 厘米前施药。

(2) 10.8%高效氟吡甲禾灵乳油 375～525 毫升/公顷+ 70%嗪草酮可湿性粉剂 350～700 克/公顷，马铃薯拱土期到株高 12 厘米前施药。

(3) 12%烯草酮乳油 525～600 毫升/公顷+48%灭草松液剂

2 500～3 000毫升/公顷，马铃薯苗后，阔叶杂草 2～4 叶期施药。

（4）15％精吡氟禾草灵乳油 750～1 000 毫升/公顷＋48％灭草松液剂2 500～3 000 毫升/公顷，马铃薯苗后，阔叶杂草 2～4 叶期施药。

（5）25％砜嘧磺隆水分散粒剂 70～120 克/公顷，马铃薯苗后 5～7 叶，杂草 2～4 叶施药。

马铃薯田除草剂杀草谱见表 5-7。

表 5-7　马铃薯田除草剂杀草谱

除草剂	稗草	野燕麦	牛筋草	马唐	柳叶刺蓼	酸模叶蓼	藜	狼把草	反枝苋	龙葵	猪毛菜	苘麻	鸭跖草	苍耳	苣荬菜	刺儿菜	田旋花	问荆	香薷	狗尾草
48％氟乐灵乳油	卌	卌	卌	卌	卌	卌	卌	—	卌	—	卌	—	—	—	—	—	—	—	—	卌
70％嗪草酮可湿性粉剂	＋	—	＋	＋	卌	卌	卌	卌	卌	卌	卌	卄	卌	卄	＋	＋	＋	＋	卄	＋
96％精异丙甲草胺乳油	卌	＋	卌	卌	卌	卌	卌	卄	卌	卄	卄	＋	卌	—	—	—	—	—	卌	卌
48％异噁草松水剂	卌	卄	卌	卌	卌	卌	卌	卌	＋	卌	卌	卌	卌	卄	卄	卄	＋	卄	卌	卌
33％二甲戊灵乳油	卌	卄	卌	卌	卌	卌	卌	—	卌	—	＋	—	—	—	—	—	—	—	—	卌
72％异丙草胺乳油	卌	＋	卌	卌	卌	卌	卌	卄	卌	卄	卌	卄	卌	—	—	—	—	—	卌	卌
25％砜嘧磺隆水分散粒剂	卌	卌	卌	卌	卌	卌	卌	—	卌	—	卌	＋	—	—	卄	—	—	—	卌	卌
12.5％烯禾啶机油乳剂	卌	卌	卌	卌	—	—	—	—	—	—	—	—	—	—	—	—	—	—	—	卌
15％精吡氟禾草灵乳油	卌	卌	卌	卌	—	—	—	—	—	—	—	—	—	—	—	—	—	—	—	卌
10.8％高效氟吡甲禾灵乳油	卌	卌	卌	卌	—	—	—	—	—	—	—	—	—	—	—	—	—	—	—	卌
12％烯草酮乳油	卌	卌	卌	卌	—	—	—	—	—	—	—	—	—	—	—	—	—	—	—	卌
6.9％精噁唑禾草灵水乳剂	卌	卌	卌	卌	—	—	—	—	—	—	—	—	—	—	—	—	—	—	—	卌
48％甲草胺乳油（拉索）	卌	＋	卌	卌	卌	卌	卌	＋	卌	卌	＋	＋	卌	—	—	—	—	—	卌	卌
90％乙草胺乳油	卌	卌	卌	卌	卌	卌	卌	卌	卌	卌	卌	＋	卌	—	—	—	—	—	卌	卌

注：卌：防治效果 95％～100％；卄：防治效果 90％～95％；＋：防治效果80％～90％；—：防治效果 80％以下。

第六章

甜　　菜

甜菜（*Beta vulgaris*），又名菾菜。原产于欧洲西部和南部沿海，从瑞典移植到西班牙，是热带甘蔗以外的一个主要糖料来源。

第一节　甜菜病害

主要病害有立枯病、褐斑病、白粉病、黄化毒病、蛇眼病和根腐病等。以选用抗病品种、实行轮作换茬、兼用药剂方法防治为主。

一、甜菜立枯病

又名黑脚病、猝倒病、苗腐病，是甜菜苗期主要病害。各甜菜产区均有发生，不经防治的，一般发病率20%～40%，严重地块60%～80%，甚至毁种。染病未死亡植株根部形成疤痕，影响幼苗的正常生长发育。幼苗百株重降低30%～45%。收获期测定产量减少5%～8%，含糖量降低。

［病原］ 甜菜立枯病病原物种类很多。不同国家、不同地区致病菌不尽相同。中国主要为立枯丝核菌。黑龙江省主要为立枯丝核菌（*Rhizoctonia solani* Kühn）和镰刀菌（*Fusarium* spp.），其他尚有青霉菌（*Penicillium* spp.）、蛇眼病菌（*Phoma betae* Frank）、猝倒病菌（*Pythium bebaryanum* Hesse）、苗枯病菌（*Aphanomyces cochliodes* Drechs）等，也可在不同地区引起立枯病发生。

［症状］ 甜菜立枯病从种子发芽至出苗后2～3对真叶期均可发

病，4 对真叶时病害停止扩展。染病植株先是幼根和接近地面的子叶下胚轴部位出现病斑。病斑褐色或黑褐色，上下发展。随着初生皮层的脱落，病痕也脱落。由于致病菌不同，症状各异。

蛇眼菌：子叶下胚轴和幼根初期出现浅褐色至深褐色侵染斑，后期病斑扩展，环绕全胚轴或幼根。导管被侵染，病部明显缢缩，边缘清晰，深褐色至黑褐色。

镰刀菌：主根下部或侧根变淡灰色，后期整个根呈线状干腐，维管束被破坏，浅灰色至深灰色。

猝倒病菌：病根呈水渍状湿腐。初期限于表皮腐烂，半透明，维管束不变，浅褐色，后期全株腐烂死亡。

苗腐病菌：病苗基部极度萎缩，幼叶干枯，子叶、下胚轴和幼根均变黑褐色。

丝核菌：病菌从根下部侵染，病根初期柠檬色，根上有褐色凹形似虫咬的斑点，有褐色菌丝，条件适宜形成菌核，病组织呈褐色腐烂。染病后留存的幼苗生长缓慢，全根呈黑灰色。

交链菌：子叶、下胚轴与根交界处呈褐色斑点，病斑上下发展，子叶下胚轴形成淡褐色至黑褐色块状条斑，呈明亮橄榄绿至灰绿色。

[**发病条件**] 甜菜立枯病是由多种真菌引起的病害。

蛇眼病菌和交链霉菌以分生孢子器或菌丝体附在种球表面和病株残余物中越冬。次年春天病原菌在潮湿条件下，释放出分生孢子或直接由菌丝体开始初次侵染，依靠风雨、灌溉水进行传播。

丝核菌和镰刀菌以菌丝体在土壤中营腐生生活，菌丝直接侵入为害。

猝倒病菌和苗腐病菌均以藏卵器和菌丝体在土壤中越冬。春天水分充足时，产生游动孢子囊，释放出大量游动孢子，萌发后穿过子叶下胚轴或幼根表皮进入组织为害。

蛇眼病菌在低温、土壤排水不良、土质黏重、容易板结的条件下发生严重。

镰刀菌、丝核菌所致的立枯病在比较干燥的地区、干燥的年份发病多。

猝倒病菌在排水不良、温度和酸度较高的土壤容易发生。

苗腐病菌发生与水分密切相关。一般苗期多雨或育苗苗床浇水不当，土壤温度较低，而湿度较高发病严重。

土壤板结、排水不良、通气不良的地块都利于立枯病的发生。甜菜生长早期遇低温（13～14℃）容易发病，随温度上升病情发展，22℃为最适发病温度。

［防治］

（1）合理轮作。甜菜种植不宜重茬、迎茬。前茬最好是麦茬、玉米茬、亚麻茬。合理增施有机肥、磷肥和硼肥可减轻立枯病的发生程度。轮作年限应根据甜菜栽培历史长短、土壤肥力以及根腐病发生的严重程度而定。采取5～7年轮作制为宜。重病区8～10年。

（2）适期播种，增施磷、钾肥、有机肥，培育壮苗。在上茬收获后，墒情好的年份应及时进行伏翻或秋翻地。不宜过早播种。播种不宜过深，干旱年份播深不超过7厘米，墒情好的年份3厘米左右为宜，出苗后及时趟地上土，防止风蚀危害。

（3）及时铲趟，改善土壤通气透水条件。

（4）化学防治

1）移栽甜菜。

①床土消毒。每公顷用苗床土270千克+50%福美双可湿性粉剂250克或敌磺钠可溶性粉剂（敌克松）30克，混拌时，床土应干燥，细碎，保证混拌均匀，防止药害。在管理粗放低温、高湿情况下，敌磺钠会产生药害。

②药剂拌种。单芽或多芽种药剂拌种100千克种子加4升水加50%福美双可湿性粉剂800克混拌均匀，闷种24小时后，再用70%噁霉灵可湿性粉剂500克干拌种。

2）直播甜菜。药剂拌种每100千克甜菜种子用35%多·福·克种衣剂4升加益微75毫升混合拌种或用2.5%咯菌腈悬浮种衣剂200～400毫升加水2～3升拌种。

进口丸粒化单芽种已含有杀虫剂或杀菌剂，可在丸粒化种粒上再包裹 2.5%咯菌腈、35%呋喃丹种衣剂，可提高对苗期立枯病和跳甲的防治效果。

二、甜菜褐斑病

甜菜褐斑病是世界性流行病害，也是我国甜菜产区的主要病害。

［**病原**］ *Cercospora beticola* Sacc. 为尾孢属病菌，属半知菌亚门真菌。

［**症状**］ 染病植株外层叶片首先产生大量斑点。最初是褐色小斑点，后病斑逐步扩大，形成有紫红色或黑褐色边缘的小圆斑。病斑中部灰白色，天气潮湿时，形成灰白色霉状物（分生孢子）。叶柄上的病斑呈卵圆形或梭形。随着发病程度加重，病斑数增加，叶片变黄、枯死、脱落，严重的仅剩余心叶。

［**发病条件**］ 病原菌主要以菌丝体在甜菜病株残体和种子上越冬。翌春，越冬菌丝体产生新的分生孢子，成为主要的初侵染来源。田间大量的病残物是老种植区下一年的主要初侵染来源；种子携带的菌丝团或分生孢子是新种植区的主要初侵染来源。分生孢子随雨水、浇灌水、气流等传到甜菜叶片上。在水滴或露珠中萌发产生芽管。芽管经气孔侵入到叶组织，在细胞间隙中蔓延侵染，出现病斑。之后多次重复侵染，引起病害流行。该病不侵染甜菜幼叶。

7～8 月份平均气温 22～26℃，月降雨量达到 100 毫米以上，雨日超过 15 天，可能发生大流行；7 月中下旬，病情指数达 0.1，气温在 21℃以上，雨量 60～70 毫米以上，可能发生中度至大流行；7～8 月份少雨，不会造成流行。

［**防治**］

1. 选用抗病品种　甜菜褐斑病品种间差异明显，选择适合当地种植的抗病品种是防治褐斑病的最佳措施。

2. 药剂防治　甜菜褐斑病发病初期，用 25%咪鲜胺乳油 1 200 毫升/公顷，或 70%甲基硫菌灵可湿性粉剂 1 200～1 500 克/公顷、

80％多菌灵可湿性粉剂 750 克/公顷、40％多菌灵胶悬剂 1 500 毫升/公顷，对水 200 升，叶面喷雾。

每隔 7～10 天喷 1 次。喷 2～3 次。交叉用药。以上各配方可加入益护 150～250 毫升、米醋 1 500 毫升，提高防治效果。

三、甜菜花叶病

甜菜花叶病在黑龙江有不同程度的发生和为害。引致甜菜花叶毒病的主要病原是甜菜花叶病毒。黄瓜花叶病毒、烟草花叶病毒和芜菁花叶病毒也能侵染甜菜，表现明显的花叶症状。

［病原］

1. 甜菜花叶病毒（Beet mosaic virus） 侵染所致症状：在早期叶脉变淡（明脉症），之后叶片出现失绿小斑或圆形斑点。随着病斑的扩大，形成浓淡不一的斑驳。病叶比健叶薄，一般不皱缩，但有时绿色部分向外突出。植株矮化，严重时萎缩。

2. 黄瓜花叶病毒（Cucumber mosaic virus） 侵染所致症状：在一年生甜菜叶片上引起叶片沿叶脉变色症，其后出现黄绿色镶嵌斑驳，病叶叶尖变黑枯死，染病种株表现矮化，主枝和侧枝顶尖枯死。

3. 烟草花叶病毒（Tobacco mosaic virus） 染病植株开始出现明脉症状，随后病斑扩展成斑驳花叶。病叶厚薄不均，色深部分厚，色浅部分薄，造成叶片有时皱缩扭曲，叶缘出现不规则缺刻或呈柳叶状，叶片有时带油脂光泽。

4. 芜菁花叶病毒（Turnip mosaic virus） 初期病叶出现明脉症，叶片皱缩，植株矮化，基部叶片出现许多小而黑的斑点，病叶变脆而枯死。

［发病条件］ 田间传播甜菜花叶病毒（BMV）的主要介体是桃蚜和菜蚜。甜菜花叶病毒病主要侵染源是多年生宿根杂草寄主。但是，病原病毒越冬的杂草寄主有所不同。甜菜花叶病毒 BMV 主要在藜科杂草上越冬；黄瓜花叶病毒 CMV 在荠菜、野苋菜、刺儿菜等杂草上越冬；芜菁花叶病毒（TuMV）在菠菜和甘蓝的留种株、荠菜和车前

上越冬。春天这些病毒通过蚜虫，由带毒留种株和杂草传递到甜菜植株上。烟草花叶病毒（TMV）在病株残余物上、土壤中越冬。主要依靠接触和土壤传播。温度和湿度影响病害的发生和扩展，6～8月份平均气温20～22℃，相对湿度50%～70%的条件下，有利于病害发生和症状表现。气温在23℃以上或10℃以下发病受到抑制，症状逐渐隐蔽。

［防治］

1. 清除杂草 及时清除田间以及周边杂草，减少蚜虫发生量和毒源。

2. 药剂防治

（1）治蚜防病。在蚜虫迁入甜菜地之前喷洒50%抗蚜威可湿性粉剂150～225克/公顷或70%吡虫啉水分散粒剂15～20克/公顷、2.5%溴氰菊酯乳油225毫升/公顷＋70%吡虫啉水分散粒剂15～20克/公顷，对水，叶面喷雾。喷液量每公顷150～200升，施药时加入喷雾助剂有利于药效发挥。

（2）田间发现病株并不断扩大时，喷洒2%宁南霉素水剂2 000～3 000毫升/公顷，或2%禾生素500～600毫升/公顷＋益护300毫升/公顷，对控制病毒危害和促进生长有很好作用。隔7天1次，连续2～3次。

四、甜菜根腐病

黑龙江发生比较重，一般年份发病率5%～10%，重发生年份达到30%。

［病原］ 根腐病为多种真菌和细菌所致，其病原物主要有：

1. 镰刀菌根腐病 主要是黄色镰孢菌［*Fusarium culmorum* (W. C. Smith) Sacc.］，属于半知菌亚门真菌。其他侵染甜菜块根的镰孢菌还有茄腐镰孢菌、尖孢镰孢菌等多种。

2. 丝核菌根腐病 立枯丝核菌（*Rhizoctonia solani* Kühn），属于半知菌亚门真菌。

3. 蛇眼菌根腐病 病菌无性态为甜菜茎点霉（*Phoma betae* Frank），属于半知菌亚门真菌。

4. 白绢型根腐病 病菌无性态为小核菌属（*Sclerotium rolfsii* Sacc.），属于半知菌亚门真菌。

5. 细菌尾腐根腐病 病菌为胡萝卜软腐欧文氏菌甜菜亚种（*Erwinia carotovora* subsp. *betavasculorum* Thomson，Hildebrab et Schroth)，属原核生物界薄壁菌门。

根腐病的一些病原菌寄主范围较广，除为害甜菜外，尚可为害很多种作物和蔬菜等。

［症状］ 镰刀菌属侵染表现的症状：染病块根从根头根体往下，从表面向里面逐渐腐烂。维管束变褐，木质化。根组织变干形成空腔，里面充满白色或粉红色菌丝体；茄丝核菌褐腐多在根冠和根尾部分发生，根冠病部呈黑褐色斑块，凹陷，龟裂，健病部有明显交界，叶柄近根冠处病部继续向上发展，叶柄受感染变黑褐色，叶丛凋萎枯死；紫色丝核菌红腐多在根尾和根茎部发生，初期病部出现稍凹陷的淡红色斑点，渐向四周和根内扩展，根表覆盖一层紫红色菌丝体，叶丛萎蔫枯死；蛇眼菌染病块根从根头向下腐烂，病根表面初呈黑色病斑渐扩大连片，似云纹状，散生黑色小点（分生孢子器）后期表皮裂口，但很少深入根组织深处；甜菜细菌性尾腐病原从根尾或侧根侵入，病部组织变暗，水渍状，最后使全根腐烂，溢出黏液；甜菜细菌性软腐染病部位淡黄色，逐步扩展延及全根；菌核菌白腐常在根冠发生，叶丛迅速凋萎，病部缠绕白色菌丝，并结成褐色油菜籽大小的菌核，根组织逐渐腐败仅剩纤维。如图 6-3。

［发病条件］ 镰刀菌干腐病在干旱地区或旱年容易发生。因为土壤干旱致使甜菜根毛或侧根过早死亡，甜菜植株也因干旱降低对病菌的抵抗力。其他病菌引起的根腐病在高温、高湿条件下发病重。

［防治］

（1）合理轮作。轮作年限应根据甜菜栽培历史长短、土壤肥力以及根腐病发生的严重程度而定。采取 5～7 年轮作制为宜。重病区8～10 年。

（2）增施磷、钾肥、有机肥，培育壮苗。

（3）增加铲趟次数，除去田间杂草，改善土壤通气、透水条件。

（4）药剂拌种。40%福美双按种子重量的0.8%拌种。

（5）健身防病。甜菜5～6叶期，每公顷用0.136%赤·吲乙·芸薹可湿性粉剂（碧护）45～50克喷雾；7月上、中旬块根膨大期，每公顷用0.136%赤·吲乙·芸薹可湿性粉剂（碧护）45克或益护225毫升加酿造醋1 500毫升加磷酸二氢钾2 500～3 000克加70%甲基硫菌灵可湿性粉剂1 200～1 500克或40%多菌灵胶悬剂1 500毫升。

第二节　甜菜虫害

主要害虫有跳甲、斑须蝽、大黑金龟子、甘蓝夜蛾和地老虎等。做好预测预报和及时施药防治，可以减轻为害。

一、甜菜跳甲

甜菜跳甲（*Chaetocnema discreta* Baly）为东北甜菜产区经常发生的害虫。干旱地区特别严重。

［**发生特点**］甜菜跳甲1年发生1代。以成虫在藜科和蓼科杂草上越冬。翌春气温升高时，成虫开始活动。在东北地区，4月下旬越冬成虫开始取食藜科杂草，5月上旬甜菜幼苗出土后，大量成虫迁移到甜菜上，5月上、中旬为为害盛期，大量咬食甜菜子叶和幼嫩真叶。轻者甜菜叶片出现圆形或不规则形的孔洞；重者可食掉田间部分或全部叶片，仅剩下小茬，造成缺苗断条、补种或毁种。

［**防治**］

（1）药剂拌种。用35%克百威悬浮种衣剂拌种防治甜菜苗期害虫（跳甲、甜菜象甲、黑绒金龟子等）。

（2）喷雾防治。甜菜出苗时，注意及时防治，晴天9时以前或15时以后，用2.5%高效氯氟氰菊酯水乳剂225～300毫升/公顷或2.5%溴氰菊酯乳油225～300毫升/公顷、10%氯氰菊酯乳油225～

300 毫升/公顷、5%S-氰戊菊酯乳油 225～300 毫升/公顷，对水 150 升，叶面喷雾。

二、甘蓝夜蛾

甘蓝夜蛾 *Mamestra brassicae* (Linnaeus)，又叫甘蓝夜盗或甘蓝夜盗蛾，属鳞翅目，夜蛾科害虫。

[**为害特点**] 甘蓝夜蛾在秋季为害重。以幼虫为害甘蓝、大白菜等十字花科蔬菜的叶片，以及甜菜、番茄、茄子、瓜类、豆类、菠菜、马铃薯等多种作物。初孵化幼虫集中在叶背取食叶肉，残留表皮，呈透明状。幼虫稍大后分散，将叶片吃成孔洞或缺刻。严重时，叶片被吃光，仅残留叶脉。

[**发生规律**] 甘蓝夜蛾以蛹在土中越冬。常年以第二代幼虫发生面积大，为害重。成虫夜间活动，趋光性强。成虫多产卵于植株生长茂密的叶背面。初孵幼虫集中于叶背面为害，三龄后分散于产卵植株的周围菜株上，四龄后白天隐藏于心叶。叶背或根部土中，夜间外出为害。发生数量多时，可成批迁移为害。温度低于 15℃或高于 30℃，以及相对湿度低于 70%或高于 85%，均对甘蓝夜蛾发生不利。

[**防治**]

(1) 农业防治。菜田收获后进行秋耕或冬耕深翻，铲除杂草，可消灭部分越冬蛹；结合农事操作，及时摘除卵块及初龄幼虫聚集的叶片，集中处理。

(2) 诱杀成虫。利用成虫的趋光性和趋化性，在羽化期设置黑光灯或糖醋盆进行诱杀。

(3) 生物防治。在幼虫三龄前施用苏云金杆菌，每克含 100 亿孢子，对水 500～1 000 倍，喷雾，在 20℃以上晴天喷洒效果较好。卵期人工释放赤眼蜂，每亩设 6～8 个点，每次每点放 2 000～3 000 头。每隔 5 天 1 次，连续 2～3 次。

(4) 药剂防治。掌握在三龄前幼虫较集中、食量小、抗药性弱的有利时机进行化学药剂防治。田间有虫株率达到30%或百株虫口达30头时，及时喷洒农药防治。防治时间应在幼虫活动高峰期前防治，即16～21时，用2.5%高效氯氟氰菊酯水乳剂225～300毫升/公顷或2.5%溴氰菊酯乳油225～300毫升/公顷、10%氯氰菊酯乳油225～300毫升/公顷、5%S-氰戊菊酯乳油225～300毫升/公顷，对水，喷雾。

三、甜菜夜蛾

甜菜夜蛾［*Spodoptera exigua*（Hübner）］，异名*Laphygma exigua* Hübner，又名贪夜蛾、菜褐夜蛾、玉米夜蛾，属鳞翅目夜蛾科，是世界性的重要农业害虫之一。

［为害特点］甜菜夜蛾为害多种作物，尤其是叶菜类蔬菜。初龄幼虫在叶背群集吐丝结网，食量小，三龄后，分散为害，食量大增，白天潜于植株心叶为害，或在土缝躲藏，傍晚前后移到植株上取食为害，直至翌日早晨。阴雨天可全天为害。为害叶片成孔缺刻。严重时，可吃光叶肉，仅留叶脉，甚至剥食茎秆皮层。

［发生规律］1年发生多代。7～8月发生多，高温、干旱年份更多。常和斜纹夜蛾混发。幼虫可成群迁移，稍受惊扰吐丝落地，有假死性。

［防治］见甘蓝夜蛾。

四、斑须蝽

斑须蝽［*Dolycoris baccarum*（L.）］又名细毛蝽，属半翅目，蝽科。食性较杂，主要为害甜菜、烟草、小麦等作物。

［为害特点］成虫和若虫刺吸嫩叶、嫩茎及穗部汁液。茎叶被害后，出现黄褐色斑点，严重时叶片卷曲，嫩茎凋萎，影响生长，减产减收。为害麦类、水稻、大豆、玉米、谷子、麻类、甜菜、苜蓿、高粱、菜豆、绿豆、茼蒿、甘蓝、葱、洋葱、白菜、烟草等。

［防治］2.5%溴氰菊酯225毫升/公顷+70%吡虫啉水分散粒剂

15～20 克/公顷或 10％氯氰菊酯乳油 225 毫升/公顷＋70％吡虫啉水分散粒剂 15～20 克/公顷、2.5％高效氯氟氰菊酯乳油 300 毫升/公顷、5％S-氰戊菊酯乳油 300 毫升/公顷、10％氯氰菊酯乳油 450 毫升/公顷、16％氯氰·马拉松乳油 450 毫升/公顷、80％敌百虫可溶粉剂 1 000 克/公顷、45％马拉硫磷乳油 1 000 毫升/公顷、20％丁硫克百威乳油 600 毫升/公顷，对水 100～150 升，叶面喷雾。

为防治由斑须蝽传播病毒病，加入 2％宁南霉素水剂 2 000～3 000毫升/公顷或 4％甲壳素（禾生素）水剂 500～600 毫升/公顷＋益护 300 毫升/公顷，对控制病毒和促进生长有很好的作用。

第三节 甜菜田杂草防除

一、苗前防治一年生禾本科和小粒种子的阔叶杂草

应适期播种，5 月中旬气温稳定回升后播种为宜。播种太早，气温低，生长缓慢，甜菜幼苗不耐药，易造成药害。

96％精异丙甲草胺 1 500～1 800 毫升/公顷。

土壤有机质含量低，尤其是低于 2％沙质土、低洼地、平播甜菜地不推荐使用金都尔。要严格掌握用药量，不得超过推荐用药量。

二、苗后防治禾本科杂草

(1) 12.5％烯禾啶机油乳剂 1 500 毫升/公顷。

(2) 15％精吡氟禾草灵乳油 750～1 200 毫升/公顷。

(3) 5％精喹禾灵乳油 1 500 毫升/公顷。

(4) 10.8％高效氟吡甲禾灵乳油 450～525 毫升/公顷。

(5) 12％烯草酮乳油 450～525 毫升/公顷。

三、苗后防治阔叶杂草

(1) 16％甜菜宁乳油 6 000～9 000 毫升/公顷。

(2) 16％甜菜安·宁乳油 6 000～9 000 毫升/公顷。

四、苗后防治禾本科和阔叶杂草

16%甜菜安・宁乳油 6 000～9 000 毫升/公顷＋12.5%稀禾定机油乳剂 1 500 毫升/公顷或 10.8%高效氟吡甲禾灵乳油 450～525 毫升/公顷、15%精吡氟禾草灵乳油 750～1 200 毫升/公顷。

甜菜田除草剂杀草谱见表 6-1。

表 6-1 甜菜田除草剂杀草谱

除草剂	稗草	野燕麦	狗尾草	金狗尾草	马唐	鸭跖草	扁蓄	龙葵	狼把草	柳叶刺蓼	酸模叶蓼	藜	反枝苋	苘麻	苍耳	香薷	苣荬菜	问荆	刺儿菜	芦苇
96%精异丙甲草胺乳油	卌	+	卌	卌	卌	卌	卌	++	++	卌	卌	卌	卌	—	—	卌	—	—	—	—
16%甜菜宁乳油	—	—	—	—	—	+	卌	卌	+	卌	卌	卌	卌	+	卌	卌	+	+	+	—
16%甜菜安・宁乳油	—	—	—	—	—	+	卌	卌	++	卌	卌	卌	卌	+	卌	卌	++	—	—	—
12.5%烯禾啶机油乳剂	卌	卌	卌	卌	卌	—	—	—	—	—	—	—	—	—	—	—	—	—	—	卌
6.9%精噁唑禾草灵乳油	卌	卌	卌	卌	卌	—	—	—	—	—	—	—	—	—	—	—	—	—	—	—
12%烯草酮乳油	卌	卌	卌	卌	卌	—	—	—	—	—	—	—	—	—	—	—	—	—	—	卌
5%精喹禾灵乳油	卌	卌	卌	卌	卌	—	—	—	—	—	—	—	—	—	—	—	—	—	—	卌
15%精吡氟禾草灵乳油	卌	卌	卌	卌	卌	—	—	—	—	—	—	—	—	—	—	—	—	—	—	卌
10.8%高效氟吡甲禾灵乳油	卌	卌	卌	卌	卌	—	—	—	—	—	—	—	—	—	—	—	—	—	—	卌

注：卌：防治效果 95%～100%；++：防治效果 90%～95%；＋：防治效果 80%～90%；—：防治效果 80%以下。

第七章

芸豆、红小豆、绿豆

第一节　芸豆植保技术

芸豆，学名菜豆，属菜豆属。分普通菜豆和多花菜豆。普通菜豆收籽粒的有海军豆、中粒型菜豆、玉豆、肾形豆4种类型。

一、病虫害防治

黑龙江省芸豆病害主要有根腐病、炭疽病、菌核病、细菌性（晕）疫病。其他病害有灰霉病、褐斑病、角斑病、锈病等。害虫有潜根蝇、蓟马、蚜虫、朱砂叶螨（红蜘蛛）、草地螟。

芸豆病害防治关键措施是适期晚播，使芸豆免受低温影响，生长发育正常，根部病害发生轻，叶部抗病能力增强。芸豆田害虫防治可参照大豆田的防治措施。

（一）芸豆根腐病

［病原］ 茄腐镰刀菌［*Fusarium solani*（Martium）App. et Wr.］，属半知菌亚门真菌。

［发生条件］ 同大豆

［防治］

（1）与非豆类作物轮作。

（2）药剂防治。35%多·克·福种衣剂，每100千克种子用1.0～1.5升拌种，可兼治潜根蝇、跳甲、蓟马等苗期害虫。

（二）芸豆炭疽病

炭疽病是全球性发生的芸豆病害之一。

［病原］ 豆刺盘孢菌［*Colletotrichum lindemuthianum*（Sacc. et Magn.）Briosi et Cav.］，属半知菌亚门真菌。

［症状］ 菜豆整个生育期均可发病。为害叶、茎、荚和豆粒。侵染部位先呈水渍状斑，然后变黑，而在基部的叶片、叶脉和叶柄则变成长形的暗红斑，逐渐变成暗棕色直至黑色。豆荚被侵染后呈凹陷状，呈褐色，并转变为铁锈色。幼苗子叶发生近圆形病斑，红褐色或黑色，凹陷成溃疡状，严重时子叶萎缩枯死。成株期叶片发病多始于叶背、叶脉，沿叶脉扩展成多角形小条斑，初为红褐色，后变为黑褐色，严重时病斑裂开或穿孔，叶片畸形萎缩而枯死。叶柄和茎初生锈色小斑，扩展成褐锈色条形斑，凹陷、龟裂。叶柄受害后叶片萎蔫。豆荚发病，初生褐色小点，扩展后为圆形或长圆形黑褐色病斑，稍凹陷，边缘有深红色晕圈，湿度大时，溢出粉红色黏稠物。

［发病条件］ 炭疽病仅在生育期间连续降雨条件下容易大发生。通常种子带菌传播。但也可以在作物残体上存活，并通过机械或风传播侵染。

［防治］

（1）与禾谷类作物进行2～3年的轮作，可以减少病原菌的基数，降低病原菌侵染几率。

（2）采用无菌种子也是非常重要的措施。进行种子处理也是控制病害发生的有效途径。

（3）药剂防治。

①药剂拌种。50%多菌灵可湿性粉剂每100千克种子用200克或50%福美双可湿性粉剂每100千克种子用300克拌种，或2.5%咯菌腈种衣剂每100千克种子用150～200毫升。

②生育期药剂防治。50%多菌灵可湿性粉剂1 500克/公顷或70%甲基硫菌灵可湿性粉剂1 000～1 500克/公顷、70%百菌清可湿

性粉剂 1 200～1 500 克/公顷，于发病初期施药。可根据病情发展，连续施药 2～3 次。

（三）芸豆菌核病

［病原］ *Sclerotinia sclerotiorum*（Lib.）de Bary 为核盘菌属病菌，属子囊菌亚门。

［症状］ 受害后茎、叶、豆荚、分枝上产生侵蚀斑。明显的侵蚀斑首先出现在主茎和叶腋处，侵染处开始是小绿圆斑，然后变大、水渍状和黏滑的，然后变干、呈灰棕色或白色。被侵染的叶片通常变黄、萎蔫，并最终脱落。在湿润条件下，被侵染的部位通常呈白色棉絮状。若植株主茎被全部侵染后，则整个植株将死亡。豆荚被侵染后，所得到的芸豆粒小，且脱色。

［发病条件］ 田间郁闭，且又遇高湿、低温（10～20℃）气候条件，而且前茬田间有菌核病原菌存在时，菌核病易发生。当芸豆开花后出现上述条件，则减产最严重。在灌溉条件下，菌核病较易发生。芸豆通常是在开花后，才被菌核病菌感染。这主要是因为菌核孢子需要在脱落的植物残体上寄生，而脱落的花瓣恰好为菌核孢子提供了萌发生长的条件。芸豆被病原菌侵染后一周，黑色的菌核体形成。菌核可在土壤中生存长达 5 年时间。

［防治］

（1）与非寄主作物实行 3 年以上轮作。不与豆科作物、油菜、向日葵、芥菜、红花等作物轮作，可降低菌核病发病程度。

（2）芸豆（初花期）3～5 片复叶期药剂防治。25%咪鲜胺乳油 1 500毫升/公顷或 40%菌核净可湿性粉剂 1 050 克/公顷、50%乙烯菌核利可湿性粉剂 1 500 克/公顷，对水 120～150 升，叶面喷雾。

（四）芸豆细菌性疫病

［病原］ 细菌性疫病［普通疫病 *Xanthomonas campestris* pv. *phaseoli*（Smith）Dye、芸豆混疫病 *Pseudomonas syringae* pv. *phase-olicala*（Burkholder）Young et al. 细菌褐斑病］，属细菌类，单胞杆菌属的野油菜黄单胞菌，菜豆疫病致病型。芸豆细菌性疫

病又称火烧病、叶烧病，在全国芸豆主产区发生比较普遍，是一种为害严重的病害。虽然细菌性疫病病原体可以在土壤中越冬，但诱病病原体主要来源于感病种子。

[症状] 染病叶部呈水渍状病斑，并不断扩大，叶片萎蔫最终死亡。时常叶片有灼伤状，但一直在植株上，不脱落。豆荚被侵染后出现侵蚀斑，并溢出汁液。种子上出现黄色或棕色斑，并皱缩。这样的种子失去发芽能力。种子感染可出现在种皮和种子内部。

[发病条件] 高温、阵性降雨的年份为害严重。在喷灌和温度28～32℃条件下，细菌性疫病蔓延最快。由于冰雹等物理伤害将造成芸豆植株损伤，为细菌侵染创造了条件，将加重细菌性疫病的为害。带病种子所萌发的幼苗带有大量的病原菌，且通常在幼苗阶段死亡。

[防治]

(1) 有效控制细菌性疫病的方法是选择无病种子，或在非疫区生产的种子。

(2) 采取3年以上的轮作，降低土壤中病原菌的数量。

(3) 细菌性疫病也可以通过机械作业进行传播，所以，在叶部处于湿润状态时，避免机车进行作业。

(4) 药剂防治。用20%王铜·链霉素180～225克/公顷，或72%农用硫酸链霉素可湿性粉剂150～300克/公顷，对水均匀喷雾，上下层叶片应均匀着药。应交替用药，以防产生抗药性。

(五) 芸豆锈病、灰霉病、褐斑病

芸豆褐斑病：病原无性态菜豆假尾孢［*Pseudocercospora cruenta*（Sacc.）Deighton］，属半知菌亚门类煤污尾孢属。

芸豆锈病：病原为疣顶单孢锈菌［*Uromyces appendiculatus*（Per.）Ung.］，属担子菌亚门单孢锈菌属。

芸豆灰霉病：病原为富克尔核盘菌［*Sclerotinia fuckeliana*（de Bary）Fuckel］。属子囊菌亚门核盘菌属。

[防治] 于病害初发期用50%腐霉利可湿性粉剂1 500克/公顷或

50%乙烯菌核利可湿性粉剂 1 500 克/公顷、75%百菌清可湿性粉剂 1 500～3 000 克/公顷、70%甲基硫菌灵可湿性粉剂 1 500～2 500 克/公顷、50%多菌灵可湿性粉剂 1 500～2 500 克加益护 225 克/公顷，混合喷雾。间隔 7～10 天喷 1 次，连续喷 2～3 次。

二、芸豆田杂草防除

芸豆可分子叶出土型和子叶不出土型。子叶出土的有大白芸豆、大花芸豆、大黑芸豆等 3 个类型；子叶不出土的有早生白花豆、中生白花豆、大白花豆、紫花豆等 4 个类型。土壤处理除草剂对子叶出土芸豆相对安全，对子叶不出土芸豆安全性相对较差，使用苗前除草剂时应慎重，建议苗后施药，尤其在东部地区。

芸豆田化学除草剂的施用见表 7-1。

表 7-1　芸豆田化学除草的施用

编号	药　　剂	每公顷用制剂量［克（毫升）］	使用时期	防治对象
1	10.8%高效氟吡甲禾灵乳油	一年生禾本科杂草 3～4 叶期，375～450	苗后	禾本科杂草
2	25%氟磺胺草醚水剂	100～1 400	苗后，阔叶杂草 2～4 叶	阔叶杂草
3	5%精喹禾灵乳油	一年生禾本科杂草 3～5 叶，900～1 500	苗后	禾本科杂草
4	15%精吡氟禾草灵乳油	一年生禾本科杂草，750～1 000	苗后	禾本科杂草
5	12.5%稀禾定机油乳剂	一年生禾科杂草 2～3 叶期，1 000，4～5 叶期 1 500，6～7 叶期 2 000	苗后	禾本科杂草
6	12%烯草酮乳油	450～525	苗后	禾本科杂草
7	48%灭草松水剂	2 500～3 000	苗后 1～2 片复叶期	阔叶杂草

苗后施药，如长期干旱，在药液中加入植物油型喷雾助剂或有机硅助剂有明显增效作用，并能获得稳定药效，正常环境条件下，加入助剂可降低药量10%～30%。

第二节 绿豆植保技术

一、绿豆病虫害防治

（一）绿豆叶斑病

［病原］ 变灰尾孢（*Cercospora canescens* Ell. et Mart.），属半知菌亚门真菌。

［症状］ 主要为害叶片，以开花结荚期受害重。发病初期叶片上出现水渍状褐色小点，扩展后形成边缘红褐色至红棕色、中间浅灰色至浅褐色近圆形病斑。湿度大时，病斑上密生灰色霉层，即病原菌的分生孢子梗和分生孢子。病情严重时，病斑融合成片，很快干枯。轻者减产20%～50%，严重的高达90%。

［防治］

（1）50%多菌灵可湿性粉剂1 500～1 800克/公顷。

（2）75%百菌清可湿性粉剂1 250克/公顷。

（3）80%代林锰锌可湿性粉剂900～1 125克/公顷。

（4）47%春雷·王铜可湿性粉剂900～1 000克/公顷。

于发病初期叶面喷药，每7～10天喷1次，连喷3～4次。

（二）绿豆白粉病

［病原］ *Erysiphe polygoni* DC. 属子囊菌亚门，单丝壳菌属真菌。

［症状］ 主要为害叶片。发病初期下部叶片出现白色小斑点，以后逐渐扩大，并向上部叶片发展。严重时整个叶面布满白粉，使叶片由绿变黄，失去光合能力，最后干枯脱落。

［发病规律］ 病菌在被害植株残体上越冬，成为翌年的初侵染来源。在植物生长季节，病部产生大量的分生孢子，可随风和气流传

播，引起多次再侵染。白粉病在温度 22～26℃，相对湿度 80%～88%时，最易发病。

[**防治**] 土壤深翻，掩埋病株残体，减少侵染源。

药剂防治：发病初期，用 20%三唑酮乳油 375 毫升/公顷或 12.5%特普唑可湿性粉剂 300～375 克/公顷、25%丙环唑乳油 200～300 毫升/公顷、40%氟硅唑乳油 85 毫升/公顷，对水喷雾。

（三）蚜虫

[**防治指标**] 每株绿豆有蚜虫 10 头以上。

[**药剂防治**] 50%抗蚜威可湿性粉剂 150～225 克/公顷或 2.5%高效氟氯氰菊酯乳油 225 毫升/公顷＋70%吡虫啉水分散粒剂 15～20 克/公顷、2.5%溴氰菊酯乳油 225 毫升/公顷＋70%吡虫啉水分散粒剂 15～20 克/公顷，对水叶面喷雾。

二、绿豆田杂草防除

（一）苗前施药

绿豆田在北方除草剂试验资料少，在美国注册除草剂有精异丙甲草胺（金都尔）、氟乐灵。建议下列除草剂经试验示范取得经验后再使用。

（1）48%地乐胺乳油 3 000～4 500 毫升/公顷。绿豆播前施药。

（2）48%甲草胺乳油土壤有机质含量 3%以下的沙质土 3 000～4 800毫升/公顷，壤质土 5 830 毫升/公顷，黏质土 7 300 毫升/公顷；土壤有机质含量 4%以上沙质土 4 800 毫升/公顷，壤质土 6 250毫升/公顷，黏质土 8 300～9 000 毫升/公顷。绿豆播后苗前施药。

（3）96%精异丙甲草胺乳油土壤有机质含量 3%以下的沙质土 750～900 毫升/公顷，壤质土 1 050～1 200 毫升/公顷，黏质土 1 500 毫升/公顷；土壤有机质含量 4%以上的沙质土 1 050 毫升/公顷，壤质土 1 500 毫升/公顷，黏质土 1 800～2 100 毫升/公顷。绿豆播前、播后苗前施药。

(4) 48%氟乐灵乳油 750～1 500 毫升/公顷，绿豆播前混土施药，沙土地用低药量。

(二) 苗后施药

1. 防治一年生禾本科杂草 3～5 叶施药

(1) 15%精吡氟禾草灵乳油 750～1 200 毫升/公顷。

(2) 10.8%精氟吡甲禾灵乳油 450～525 毫升/公顷。

(3) 5%精喹禾灵乳油 900～1 500 毫升/公顷。

(4) 12.5%稀禾定机油乳剂 1 500～2 000 毫升/公顷。

(5) 12%烯草酮乳油 450～600 毫升/公顷。

2. 防治芦苇、碱草、冰草、狗牙根等多年生禾本科杂草（在 40 厘米以下）

(1) 15%精吡氟禾草灵乳油 1 200～2 000 毫升/公顷。

(2) 10.8%精氟吡甲禾灵乳油 450～525 毫升/公顷。

3. 苗后防治阔叶杂草

(1) 48%灭草松水剂 2 500～3 000 毫升/公顷。

(2) 25%氟磺胺草醚水剂 800～1 000 毫升/公顷＋48%灭草松 1 500毫升/公顷。

(3) 20%氟磺胺·稀禾乳油 2 000～2 500 毫升/公顷。

第三节　红小豆植保技术

红小豆又名赤豆、赤小豆、红豆。英文名：Red adzuki bean。属豆科（Leguminosae），菜豆属，一年生草本植物。每 100 克红豆中含蛋白质 21.7 克、脂肪 0.8 克、碳水化合物 60.7 克、钙 76 毫克、磷 386 毫克、铁 4.5 毫克、硫胺素 0.43 毫克、核黄素 0.16 毫克、烟酸 2.1 毫克。红小豆蛋白质中赖氨酸含量较高，宜与谷类食品混合成豆饭或豆粥食用，一般做成豆沙或作糕点原料。

红小豆有较强的适应能力。对土壤要求不高，耐瘠薄，黏土、沙土都能生长，川道、山地均可种植。

一、红小豆病虫害防治

（一）红小豆种苗期病虫害

常见种苗期病虫害有根腐病、跳甲、蓟马、胞囊线虫等。

［**防治**］每 100 千克种子用 35％多·福·克悬浮种衣剂 1 升药剂拌种。

（二）红小豆锈病

［**发病规律**］播种越早，发病越重，适期晚播发病轻。连作地发病早而发病重。氮肥施量过大发病重，增施磷、钾肥可提高植株抗病性，发病轻。

［**防治**］

（1）适期播种，禁止过早播种。合理轮作。合理施肥，不可过量增施氮肥，可适当增施磷、钾肥。

（2）药剂防治。于发病初期用 20％三唑酮乳油每公顷 1 050～1 500毫升，每隔 7～10 天喷 1 次，共喷 2～3 次。

（三）红小豆蚜虫

红小豆蚜虫属同翅目，蚜科。

［**防治**］每株红小豆有蚜虫 10 头以上，每公顷用 50％抗蚜威可湿性粉剂 150～225 克或 70％吡虫啉水分散粒剂 15～20 克＋2.5％高效氟氯氰菊酯水剂 225～300 毫升、70％吡虫啉水分散粒剂 15～20 克＋2.5％溴氰菊酯乳油 225～300 毫升、10％氯氰菊酯乳油、5％顺式氰戊菊酯乳油 225 毫升。

二、红小豆田杂草防除

红小豆是豆科作物，由于其子叶不出土，对土壤处理除草剂抗药性比大豆弱，所以化学除草不推荐苗前土壤处理，而推荐采用苗后茎叶处理。播前施用酰胺类除草剂。如乙草胺、异丙草胺、异丙甲草胺、甲草胺及嗪草酮等。如遇土壤水分大、降雨、作物播种过深出苗弱、土壤有机质含量低等条件，均可使作物产生严重药害，安全稳定性差。

可使用药剂有稀禾定、精吡氟禾草灵、精喹禾灵、高效氟吡甲禾灵、烯草酮、三氟羧草醚、氟磺胺草醚等。

红小豆田化学除草见表 7-2，芸豆、绿豆、红小豆田除草剂杀草谱见表 7-3。

表 7-2 红小豆田化学除草

编号	药剂	公顷用制剂量［克（毫升）］	使用时间	防治对象
1	12.5%稀禾定机油乳剂＋25%氟磺胺草醚水剂	1 250～1 500＋1 000～1 500	红小豆 2 片复叶期，杂草 2～4 叶期，大多数杂草出齐时施药	禾本科杂草和阔叶杂草
2	12.5%稀禾定机油乳剂＋21.4%三氟羧草醚水剂	1 250～1 500＋1 000		
3	15%精吡氟禾草灵乳油＋25%氟磺胺草醚水剂	750～1 000＋1 000～1 500		
4	15%精吡氟禾草灵乳油＋21.4%三氟羧草醚水剂	750～1 000＋1 000		
5	10.8%高效氟吡甲禾灵乳油＋25%氟磺胺草醚水剂	450～525＋1 000～1 500		
6	10.8%高效氟吡甲禾灵乳油＋21.4%三氟羧草醚水剂	450～525＋1 000		
7	5%精喹禾灵乳油＋25%氟磺胺草醚水剂	900～1 500＋1 000～1 500		
8	5%精喹禾灵乳油＋21.4%三氟羧草醚水剂	750～1 000＋1 000		

表 7-3　芸豆、绿豆、红小豆田除草剂杀草谱

除草剂	稗草	狗尾草	野黍	金狗尾草	马唐	野燕麦	酸模叶蓼	柳叶刺蓼	反枝苋	藜	龙葵	苍耳	狼把草	鸭跖草	鼬瓣花	香薷	苘麻	刺儿菜	苣荬菜	问荆	芦苇
精吡氟禾草灵	卌	卌	卌	卌	卌	卌	—	—	—	—	—	—	—	—	—	—	—	—	—	—	卌
精喹禾灵	卌	卌	卌	卌	卌	卌	—	—	—	—	—	—	—	—	—	—	—	—	—	—	卌
稀禾定	卌	卌	卌	卌	卌	卌	—	—	—	—	—	—	—	—	—	—	—	—	—	—	卌
烯草酮	卌	卌	卌	卌	卌	卌	—	—	—	—	—	—	—	—	—	—	—	—	—	—	卌
精噁唑禾草灵	卌	卌	卌	卌	卌	卌	—	—	—	—	—	—	—	—	—	—	—	—	—	—	卌
三氟羧草醚	—	—	—	—	—	—	卌	卌	卌	卄	卌	卄	卌	卌	＋	卌	卌	—	—	—	—
氟磺胺草醚	—	—	—	—	—	—	卌	卌	卌	卄	卌	卄	卌	卌	＋	卌	卌	卄	卄	卄	—
咪唑乙烟酸	卌	卌	＋	卌	卌	卌	卌	卌	卌	卌	卌	卌	卌	卄	＋	卌	卌	—	—	—	—
高效氟吡甲禾灵	卌	卌	卌	卌	卌	卌	—	—	—	—	—	—	—	—	—	—	—	—	—	—	卌

注：卌：防治效果 95%～100%；卄：防治效果 90%～95%；＋：防治效果 80%～90%；—：防治效果 80%以下。

第八章 南瓜、西瓜、甜瓜

第一节 南瓜、西瓜、甜瓜病虫害防治

一、南瓜药剂拌种

1. 防治地下害虫 35%克百威种子处理剂2 500毫升+水1.5升拌100千克种子。

2. 防治南瓜种苗期地下害虫、鸟害、根部病害 100千克种子用35%多·福·克种衣剂4～6升+益微100毫升。拌种后应阴干后再机械播种，否则影响播种。

二、南瓜、西瓜、甜瓜苗后病虫害防治

（一）茄二十八星瓢虫

茄二十八星瓢虫［*Henosepilachna vigintioctopunctata*.（Fabricius)］俗称花大姐。以幼虫为害为主。在南瓜幼苗期和生育中、后期均能发生。

［症状］ 幼苗期主要为害南瓜生长点，将其食尽，不能正常生长，为害较重。在作物中、后期主要为害叶片，将叶片吃成穿孔或仅留叶脉，严重时受害叶片干枯、灰黑，甚至引起全植株死亡。山区易发生，并且发生程度重。

［防治］ 上述拌种药剂中克百威对苗期二十八星瓢虫有一定的防治作用，发生重的地号，苗期、生育中期还需茎叶喷洒杀虫剂。由于

该虫成虫、幼虫都能为害，故在成、幼虫发生时均应防治。

药剂防治：于该虫发生期用2.5%高效氯氟氰菊酯乳油400～450毫升/公顷或5%S-氰戊菊酯乳油400～450毫升/公顷或其他触杀、胃毒型杀虫剂，对水，全田喷药。

注意：因为瓢虫迁飞能力强，一块田应统一施药作业，作业时要从外围向中心施药。

（二）南瓜、西瓜、甜瓜白粉病

白粉病是南瓜等瓜类上常发生的一种病害，每年均能发生，但年际间发病程度差距较大。其发病程度与气象条件有着密切关系。当该病一旦重发生，对南瓜籽粒产量、西瓜、甜瓜产量和品质均有很大影响。

［**病原**］*Sphaerotheca fuligenea*（Schlecht）Poll. 为单丝壳属病菌，*Erysiphe cichoracearam* DC. 为白粉菌属病菌，均属子囊菌亚门。前者较为常见。多发生在生育中、后期，主要为害叶片、叶柄和茎。果实一般不受害。

［**症状**］主要为害叶片。被害叶表面多被白粉状物覆盖，使光合作用受阻，导致叶片枯黄，影响结实。

［**传播途径**］病原菌在病残体上或温室、塑料大棚里的植物活体上越冬。第二年萌发主要靠气流传播。

［**发病条件**］在温度16～24℃时，多阵雨天气，干湿交替，田间湿度大，通气不良，但叶片无水滴时利于白粉病发生。

［**防治**］结合田间调查，准确预测防治时期，以三唑酮、百菌清、甲基硫菌灵等药剂预防为主，苯醚甲环唑、宁南霉素等药剂治疗为辅。

（1）发病初期（即在坐果后，当利于白粉病发生条件出现时），用20%三唑酮乳油1 500毫升/公顷或70%甲基硫菌灵可湿性粉剂750～1 050克/公顷、75%百菌清可湿性粉剂1 500克/公顷，每隔5～7天喷1次。

（2）发病初期（即个别叶片有小粉斑出现时），用10%苯醚·甲环唑水分散粒剂750～1 250克/公顷或12.5%R-烯唑醇可湿性粉剂300～350克/公顷、2%宁南霉素水剂1 500～3 000毫升/公顷、30%苯甲·丙环唑乳油1 250～1 875毫升/公顷、50%腐霉利可湿性粉剂625～750克/公顷、40%氟硅唑乳油125～150毫升/公顷，对水100～150升，叶面喷雾。

注意：白粉病传播和发展速度快，应在发病前或初期进行药剂防治，到发生中期一般药剂防效不佳，不可错过最佳防治时期。喷药次数视天气情况和病情发展来确定，一般喷2～3次，每隔7～10天喷1次。为了避免病菌产生抗药性，药剂宜交替使用。

（三）南瓜、西瓜、甜瓜疫病

南瓜、西瓜、甜瓜疫病是瓜田中发病周期短、流行速度迅猛的毁灭性病害。在幼苗和成株期均可发病。在黑龙江省主要是成株期发生。

［病原］ *Phytophthora* spp. 为疫霉属病菌，属鞭毛菌亚门。

［症状］ 幼苗、叶、茎及果实均可受害。苗期发病，子叶先出现水渍状暗绿色病斑，逐渐中央部变成红褐色。幼苗茎基部受害后，呈现暗绿色水渍状软腐，受害处逐渐缢缩，直至倒伏枯死。成株期发病，在茎节部出现暗绿色腐烂，被害处以上的茎蔓及叶片萎垂。叶片受害时，初为暗绿色水渍状斑点，后扩展为圆形或不规则形大的病斑，边缘不明显，以后中部为青白色。在湿度大时，变软腐，似经水煮状；干燥时呈淡褐色，易破碎。病斑发展到叶柄上，叶片萎垂。果实受害时，在果面上形成圆形、凹陷的暗绿色病斑，并迅速发展到全果，果实皱缩软腐，表面长出灰白色稀疏霉状物，病瓜腐烂发臭。

［传播途径］ 病菌主要在土壤中或病残体上越冬。第二年萌发，经雨水或灌溉水传到茎基部或近地面果实上，引起发病，然后再随气流、雨水、流水等传播途径进行多次再侵染。

［发病条件］ 疫病发病与土壤含水量和温度有关。发病温度为15～36℃，最适温度为26～30℃。在最适温度下，疫病发生所需的最低含水量为40%，随土壤含水量增加其发病率提高，当土壤含水

量达到80%以上时，发病率为100%。一般在雨季或大雨后天气突然转晴，气温急剧上升的情况下，病害易流行。

［**防治**］该病病程非常短，病原菌接种后1天即可产生典型的萎蔫发病症状。显症后1天如遇合适条件，即可进行传播和重复侵染，瓜蔓的任何部位发病都会导致受害部位的上部甚至整株死亡，是一种在短期内可造成大面积流行乃至绝产的毁灭性病害。为此，对该病要高度重视其防治。

（1）选择高岗地或坡地不易积水的地种植，同时要远离茄子、辣椒等病菌侵染源量大的地块。

（2）与玉米、小麦等禾本科作物轮作3年以上。不能与葫芦科和茄科等作物轮作。

（3）采取大垄种植，定向栽培。

（4）加强栽培管理，降低田间湿度。

（5）合理搭配氮、磷、钾肥，控氮，增磷、钾肥，以提高植株抗病性。

（6）药剂防治。加强田间调查和天气预报，在利于疫病发生条件出现前，可采用下列药剂配方进行预防。

72.2%霜霉威盐酸盐水剂450～750毫升/公顷或69%烯酰·锰锌水分散粒剂2 000～2 500克/公顷、53%甲霜·锰锌可分散粒剂1 500克/公顷、68%精甲霜·锰锌水分散粒剂1 000～1 250克/公顷、64%噁霜·锰锌可湿性粉剂1 800～2 500克/公顷、72%霜脲·锰锌可湿性粉剂2 500～2 700克/公顷、25%甲霜灵1 250～1 500克/公顷、75%百菌清可湿性粉剂1 250～1 500毫升/公顷，对水，叶面喷雾。在多雨年份要每隔7～10天喷1次，共喷2～3次。

(四) 南瓜、西瓜、甜瓜炭疽病

该病在作物各生长期都发生。在条件适宜时，南瓜、西瓜、甜瓜炭疽病发病速度非常快，如不及时防治，2～3天后观察，病害明显加重，使植株生长受到严重抑制。若再推迟不防治，将造成植株死亡。因此，发生时必须采取措施及时防治。

［病原］无性态瓜类炭疽菌［*Colletotrichum orbiculare*（Berk. & Mont.）Arx.］，属半知菌亚门真菌。

［症状］南瓜炭疽病主要为害果实，尚未发现病叶和茎蔓染病。果实染病主要发生在接近成熟或已成熟果实上。初现浅绿色水渍状斑点，后变成暗褐色凹陷斑，逐渐扩大，病斑凹处龟裂。湿度大时，病斑中部产生粉红色黏质物，即病菌分生孢子盘。

［传播途径］病原菌主要在种子或病残体上越冬。第二年主要借雨水或地面流水的冲溅进行传播，故一般贴近地面的叶片首先发病。

［发病条件］湿度是诱发此病的主导因素。持续87%～95%的高湿时，潜育期只需3天，湿度愈低，则潜育期愈长。如果湿度降低至54%以下，此病就不能发生。降雨量多，降雨强度大、高湿，可造成炭疽病大发生。温度对病害的影响较小，在10～30℃的范围内，此病都会发生，但以22～24℃为最适。在大发生年田间调查发现，覆膜种植比未覆膜种植田发生轻。

［防治］

（1）采取地膜覆盖栽培技术，减轻病害。

（2）药剂防治。发病初期用75%百菌清可湿性粉剂1 500～2 200克/公顷或70%甲基硫菌灵可湿性粉剂800～1 200克/公顷、80%代森锰锌可湿性粉剂1 500～2 500克/公顷、25%咪鲜胺乳油1 200～1 500毫升/公顷、10%苯醚甲环唑水分散粒剂750克/公顷、50%多菌灵可湿性粉剂1 500克/公顷，对水，叶面喷雾。每隔7天喷药1次，一般连续喷2～3次。要交替用药，以延缓抗药性发展。

（五）南瓜枯萎病

该病又叫蔓割病、萎蔫病、红腐病等。

［病原］尖孢镰孢菌（*Fusarium oxysporum* Schlecht），属半知菌亚门真菌。

［症状］主要为害根和根茎部。幼苗发病时，幼茎基部变黄褐色，并收缩，子叶萎垂。成株发病时，茎基部水渍状腐烂，缢缩，后发生纵裂，常流出胶质物。潮湿时，病部长出粉红色霉状物，干缩后成麻

状。感病初期，白天植株萎蔫，夜间又恢复正常，反复数天后全株萎蔫枯死。切开病茎，可见维管束变褐色或腐烂。

[传播途径] 病菌在土壤或病残体中越冬。属土传病害。

[防治]

(1) 选用抗病品种；实行5年轮作；选择地势高、排水良好地块种植；高垄栽培；雨后及时排水；发现病株及时铲除，病穴撒石灰，防止蔓延；多施磷、钾肥，少施氮肥。以腐熟有机肥作底肥。

(2) 药剂防治。于发病初期用70%甲基硫菌灵可湿性粉剂1 500克/公顷或50%多菌灵可湿性粉剂1 000倍液，浇灌植株根际土壤，灌药量为每株300毫升左右。

(六) 西瓜枯萎病

西瓜枯萎病俗称死秧病。在各个时期均可发生，以结果期发病最重。

[病原] 尖孢镰孢菌西瓜专化型［*Fusarium oxysporum* f. sp. *niveum*（E.）Syn. et Hens.］，属半知菌亚门真菌。

[症状] 发病初期，病株茎蔓上的叶片自基部向前逐渐萎蔫，似缺水状，中午更明显。发病数日后，植株萎蔫，慢慢枯死。多数情况全株发病，也有的病株仅部分茎蔓发病，其余茎蔓正常。发病植株茎蔓基部稍缢缩，病部纵裂，有淡红色（琥珀色）胶状液溢出。根部腐烂变色，纵切根茎，其维管束部分变褐色。

[发病条件] 该病靠土壤、病残体传播。重茬地发病重。土壤含水量高、湿度大时发病重。

[防治]

(1) 发病初期灌根。30%噁霉灵水剂1 000倍液或10%苯醚甲环唑水分散粒剂3 000～6 000倍液、50%咪鲜胺锰盐可湿性粉剂1 000～1 500倍液，每株灌药液250毫升，每隔5～7天1次，连续防治2～3次。

(2) 于坐果初期用15%三唑酮可湿性粉剂188克/公顷或36%甲基硫菌灵悬浮剂1 500～1 875克/公顷、50%腐霉利可湿性粉剂625～

750 克/公顷、50%异菌脲可湿性粉 625～750 克/公顷，对水喷雾。每隔 7～10 天左右 1 次，共施药 2～3 次。采收前 7 天，停止用药。

（七）西瓜蔓枯病

西瓜蔓枯病是西瓜的常见病害，在全国各地均有发生。除西瓜外，还为害洋香瓜、白兰瓜、哈密瓜、南瓜、黄瓜等，造成病株提早死亡而减产。

［**病原**］无性态为西瓜壳二孢（*Ascochyta citrullina* Smith），属半知菌亚门真菌。

［**症状**］叶子受害时，最初出现黑褐色小斑点，以后成为直径1～2 厘米的病斑。病斑为圆形或不规则圆形，黑褐色或有同心轮纹。发生在叶缘上的病斑，一般呈弧形。老病斑上出现小黑点。病叶干枯时病斑呈星状破裂。连续阴雨天气，病斑迅速发展可遍及全叶，叶片变黑而枯死。蔓受害时，最初产生水渍状病斑，中央变为褐色枯死，以后褐色部分呈星状干裂，内部呈木栓状干腐。

蔓枯病与炭疽病在症状上的主要区别：蔓枯病病斑上不产生粉红色黏质物，而生有黑色小点状物，与枯萎病区别是发病慢，全株不枯死，且维管束不变色。

［**发病规律**］高温、多湿，通风透光不良，施肥不足或植株生长弱时，叶片受害重。

［**药剂防治**］于发病初期，用 86.2%铜大师可湿性粉剂 470 克/公顷或 80%代森锰锌可湿性粉剂 1 250 克/公顷，对水，喷雾。隔5～7 天喷 1 次，防治 2～3 次。

第二节　南瓜、西瓜田杂草防除

南瓜、西瓜、甜瓜对除草剂比较敏感，一般能用于南瓜田苗前除草剂仅有精异丙甲草胺；西瓜、甜瓜田苗前可用地乐胺、扑草净。苗后可用高效氟吡甲禾灵、精吡氟禾草灵、精喹禾灵、稀禾定、烯草酮等；苗后选用灭生性除草剂定向喷雾的有百草枯、草甘膦等。防治阔叶杂草的除草剂很少，需结合机械灭草措施。

一、南瓜、西瓜田播后苗前施药

96%精异丙甲草胺乳油在土壤有机质含量3%以下，沙质土750毫升/公顷，壤质土900毫升/公顷，黏质土1 050～1 200毫升/公顷；土壤有机质3%以上，沙质土1 050毫升/公顷，壤质土1 500毫升/公顷，黏质土1 800～2 100毫升/公顷。直播田播后苗前或移栽田移栽前施药。土壤有机质含量低于2%的沙质土、低洼地、平播南瓜地不推荐使用。高湿、低温年份药害较重，慎用。要严格掌握用药量，不得超过推荐用药量。

二、西瓜、甜瓜直播田播前施药

（1）48%仲丁灵乳油在沙质土用2 250毫升/公顷，壤质土用3 400毫升/公顷，黏质土用4.5升/公顷。

（2）48%氟乐灵乳油在土壤有机质含量3%以下用900～1 650毫升/公顷，土壤有机质含量3%～5%用1 650～2 100毫升/公顷，土壤有机质含量5%～10%，用2 100～2 600毫升/公顷。

西瓜、甜瓜播前施药采用混土施药法施药，选用双列圆盘耙或旋耕机混土，耙深5～10厘米。

三、南瓜直播田苗前施药

33%二甲戊灵乳油3 000～4 500毫升/公顷。

四、西瓜、甜瓜移栽前施药

（1）96%精异丙甲草胺乳油沙质土用900～1 050毫升/公顷，壤质土1 050～1 200毫升/公顷，黏质土用1 500～1 800毫升/公顷。

（2）48%甲草胺乳油3 000～9 000毫升/公顷。

（3）48%仲丁灵乳油沙质土2 250～4 500毫升/公顷。

（4）48%氟乐灵乳油900～2 600毫升/公顷。

（5）防治一年生和越年生杂草。41%草甘膦异丙胺盐 1 500～3 000毫升/公顷。

（6）20%百草枯水剂 1 500～3 000 毫升/公顷。

五、南瓜、西瓜、甜瓜苗后施药

1. 防治一年生禾本科杂草叶面喷雾配方

（1）12.5%稀禾定机油乳剂 1 500 毫升/公顷。

（2）15%精吡氟禾草灵乳油 750～1 200 毫升/公顷。

（3）5%精喹禾灵乳油 1 500 毫升/公顷。

（4）10.8%高效氟吡甲禾灵乳油 450～525 毫升/公顷。

（5）12%烯草酮乳油 450～600 毫升/公顷。

2. 防治芦苇、碱草、冰草、狗牙根等多年生禾本科杂草（在 40 厘米以下）

（1）15%精吡氟禾草灵乳油 1 200～2 000 毫升/公顷。

（2）10.8%精氟吡甲禾灵乳油 450～525 毫升/公顷。

（3）12%烯草酮乳油 1 000～1 200 毫升/公顷。

3. 定向喷雾

作物出苗以后至茎长 50 厘米左右，使用灭生性除草剂，喷头一定要加防护罩，降低喷头高度，定向喷雾，切忌药液雾滴接触作物，以免产生药害。

（1）20%百草枯水剂 3 000 毫升/公顷。

（2）防治一年生杂草，41%草甘膦水剂 1 500～3 000 毫升/公顷；防多年生杂草，41%草甘膦水剂 4 500～6 000 毫升/公顷。

第九章

向 日 葵

向日葵种子含油量高，是重要的油料作物。有食用型、油用型和兼用型3类。除此以外，还有观赏型向日葵。向日葵易发生多种病虫害，应用化学药剂防治需注意保护蜜蜂。

第一节 病虫害防治

一、向日葵菌核病

该病又叫白腐病，俗称烂盘病，是向日葵主要病害，每年都有不同程度发生。严重发生时，对向日葵的产量和品质有很大影响。

［病原］ *Sclerotinia sclerotiorum*（Lib.）de Bary 为核盘菌属病菌，属子囊菌亚门。

［症状］ 立枯型自幼苗开始到花盘形成前都能发生。幼苗期发病主要在茎基部，绕茎形成水渍状病斑。潮湿时，长出白色絮状菌丝；干燥后病部收缩变细，茎内形成黑色菌核，植株呈立枯状枯死。成株期发病也以茎基部为主，呈现出淡褐色的湿润状病斑，然后逐渐扩大到整个植株的茎部。后期病斑干枯呈灰白色，边缘呈褐色，表皮破裂。由于茎内输导组织遭受破坏，影响了养分运输，叶片开始由下向上逐渐变黄、枯萎而脱落，最后造成整个植株枯死。烂盘型当花盘受害时，在其背面出现水渍状病斑，花托变成褐色，且软化。遇多雨天气，病斑开始迅速扩大，可穿透花盘，由背面黑心向正面，并长出一种白色菌丝，造成花盘腐烂，使籽粒不能成熟。严重时，造成籽仁腐

烂或籽烂自行脱落。

［**发病原因**］病菌以菌核状态在土壤、病残组织及种子中越冬，在土壤中一般可生活2～5年。菌核在适宜条件下萌发产生菌丝，当它与寄主接触后即直接侵入，苗期和成株期发病就是这种侵染方式。另外，菌核可产生子囊盘，子囊盘产生的子囊孢子经风雨或昆虫传播到寄主上，向日葵烂盘就是子囊孢子侵染后引起的。

［**发病条件**］当气温在20℃，相对湿度达80％时，最适于菌核的萌发，也是花盘发病最严重的时期。尤其是在多雨之年，在一些低洼排水不畅、通风透光不良和连年重茬地发病率高。7～8月份如果遇低温、多雨，发病率也高。

［**防治**］

1. **合理轮作** 与禾本科作物2～3年远距离轮作。

2. **中耕管理** 在菌核萌发期及时进行中耕。

3. **精选种子** 清除病粒和菌核。

4. **拔除病株** 发现病株时，立即拔掉销毁，以防蔓延。

5. **温水浸种** 清选过的种子在58～60℃恒温水中浸10～20分钟。

6. **药剂拌种** 用25％咯菌腈悬浮种衣剂800毫升拌100千克种子，对苗期菌核病有一定控制效果。

7. **于发病前叶面喷药预防** 向日葵4～6叶期、现蕾前或盛花期，用70％甲基硫菌灵可湿性粉剂1 000～1 500克/公顷或40％多菌灵乳剂1 500毫升/公顷、50％腐霉利可湿性粉剂1 500克/公顷、50％乙烯菌核利水分散粒剂1 500克/公顷、40％菌核净可湿性粉剂1 750～2 000克/公顷、25％咪鲜胺乳油1 050毫升加益护150～250毫升加酿造醋1～500毫升/公顷，混合喷雾。喷雾应全面，重点喷洒植株下部和花盘的背面。

8. **掌握向日葵菌核病的发生规律** 当气温达18～20℃、0～5厘米深表土含水量在11％以上、子囊盘芽始出土时，是地面撒药的最佳时期，每亩可用70％五氯硝基苯2～3千克，加湿润细土10～15

千克，掺拌均匀后撒在向日葵田间，可抑制菌核的萌发和杀死刚刚萌发的幼嫩芽管。

二、向日葵褐斑病

［**病原**］向日葵壳针孢（*Septoria helianthi* Ell. et Kell.），属半知菌亚门真菌。

［**防治］**

1. **处理菌源**　秋后集中清理秸秆、枯叶，焚烧并及时深翻。

2. **药剂防治**　于发病初期用50％多菌灵悬浮剂1 500毫升/公顷或70％甲基硫菌灵可湿性粉剂1 000～1 500克，对水，喷雾。

三、向日葵霜霉病

［**病原**］*Plasmopara halstedii*（Farl.）Berl. de Toni为向日葵单轴霉属病菌，属鞭毛菌亚门真菌。向日葵霜霉病是一种系统性侵染的病害，侵染时期不同和环境条件的变化，症状表现为幼苗死亡、病株矮化、产生叶斑、花腐和隐症4种类型。

向日葵霜霉病的发生与发展，受菌源和气候条件影响很大。

［**防治］**

（1）精选种子清除病粒和菌核，选过的种子在58～60℃恒温水中浸10～20分钟或咯菌腈悬浮种衣剂拌种，用800毫升拌100千克种子或用40％菌核净可湿性粉剂320～500克拌100千克种子。

（2）于发病初期用68％精甲霜・锰锌水分散粒剂1 000～1 250克/公顷或64％噁霜・锰锌可湿性粉剂1 800～2 500克/公顷、72％霜脲・锰锌可湿性粉剂2 500～2 700克/公顷。间隔7～10天喷洒1次。共喷洒2～3次。轮换用药。

四、向日葵螟

向日葵螟（*Homeosoman nebulella* Hühner），属鳞翅目，螟蛾科。主要为害向日葵、茼蒿及野生菊科植物。

［**生活习性**］成虫是一种灰色的小蛾子，体长8～12毫米，翅展20～27毫米。前翅长，灰色，近翅中央有4个黑斑。幼虫体长为9～10毫米，浅灰色，背有3条深棕色纵纹。头黄褐色，体被稀疏的浅棕色毛。每年发生1～2代。以老熟幼虫做茧在土中越冬。一代幼虫7月中下旬至8月上旬在花盘上为害。第一代幼虫为害严重。

［**为害状**］幼虫主要蛀食种子和花盘。一至二龄幼虫啃食筒状花，三龄后幼虫蛀食种子，吃掉种仁，形成空壳，在花盘上蛀成隧道，并吐丝结网，被害花盘多因粪便、残渣等污染而发霉腐烂，严重影响产量和品质。

［**防治**］

化学防治需对花盘进行施药，措施不当极易引起农药残留，并杀伤向日葵重要的授粉昆虫蜜蜂。利用性诱剂准确判断蛾峰。

（1）在准确测报的基础上释放赤眼蜂进行生物防治。在葵螟成虫盛期放第一次蜂，隔3～4天放第二次蜂，每亩放蜂量15 000～20 000头。

（2）喷施Bt乳剂300倍液，每株花盘喷洒40～50毫升。

（3）成虫发生期悬挂频振式杀虫灯，每40亩一盏。

（4）药剂防治。选择对蜜蜂等传粉昆虫无害的农药。药物选择不当，葵花会因授粉不好造成大量空壳而减产，在防虫打药的葵花田中，要加强人工辅助授粉，减少空壳。

8月上旬幼虫期施药：50%氟啶脲乳油用375～450毫升/公顷或25%除虫脲可湿性粉剂375～450克/公顷、35%硫丹乳油1 500～2 000毫升/公顷，对水，喷雾。

五、白星花金龟

白星花金龟（*Liocola brevitarsis* Lewis），属鞘翅目，花金龟科。别名铜色白纹金龟子、白星花潜、白星金龟子。寄主有玉米、向日葵、番茄、西瓜、草莓、菊科杂草、柳树及榆树等。成虫有较强的趋化性，对糖、酒醋味有趋性。

［**防治**］

（1）利用成虫假死习性，在成虫发生盛期，于清晨温度较低时振落捕杀。

（2）药剂防治。每公顷用2.5%高效氯氟氰菊酯乳油225～300毫升或2.5%溴氰菊酯乳油225～300毫升、10%氯氰菊酯乳油225～300毫升、5%S-氰戊菊酯乳油225～300毫升，对水，叶面喷雾。

六、其他病虫害

其他病害还有白粉病、黑斑病、细菌性叶斑病、锈病（盛行于高湿期）等。白粉病发病时叶片开始生白色圆形粉状斑，扩大后连成一片，以后白粉层上又生褐色小点，植株生长停止。黑斑病发病时，叶片生大小不一的深褐色或浅黄色病斑，后发展成褐色斑，病斑相连成大斑块，使叶片变黑枯死。

［**防治**］通过对基质的消毒，合理浇水，增加空气流通，间歇喷洒保护性杀菌剂等方法进行预防。感病后，清除病叶和残株，集中烧毁。在发病初期，可用50%甲基托布津可湿性粉剂500倍液喷洒，或用等量波尔多液防治。

为害向日葵的害虫还有蚜虫、盲蝽、红蜘蛛等，可用1.8%阿维菌素乳油800～1 000毫升/公顷或73%炔螨特乳油1 500倍液，喷雾。

第二节 向日葵田杂草防除

一、向日葵苗前化学除草

（1）48%仲丁灵乳油用3 000～4 500毫升/公顷，向日葵播前或播后苗前施药。

（2）48%氟乐灵乳油用1 500～2 250毫升/公顷，向日葵播前采用混土施药法施药。

（3）33%二甲戊灵乳油用3 750～4 500毫升/公顷，向日葵播后苗前施药。

（4）50%扑草净可湿性粉剂 2 000～4 000 克/公顷，向日葵播后苗前施药。

二、向日葵苗后禾本科杂草 3～5 叶期化学除草

（1）10.8%高效氟吡甲禾灵乳油 375～525 毫升/公顷。

（2）5%精喹禾灵乳油 1 500 毫升/公顷。

（3）15%精吡氟禾草灵乳油用 750～1 000 毫升/公顷。

（4）12%烯草酮乳油用 525～600 毫升/公顷。

三、向日葵苗后多年生禾本科杂草

（1）10.8%高效氟吡甲禾灵乳油 600～900 毫升/公顷。

（2）15%精吡氟禾草灵乳油 1 500～2 000 升/公顷。

（3）12%烯草酮乳油 1 000～1 200 毫升/公顷。

向日葵田除草剂杀草谱见表 9－1。

表 9－1　向日葵田除草剂杀草谱

除草剂	野燕麦	稗草	马唐	金狗尾草	狗尾草	芦苇	龙葵	苘麻	香薷	猪毛菜	酸模叶蓼	柳叶刺蓼	反枝苋	藜	苍耳	狼把草	苣荬菜	刺儿菜
仲丁灵	卌	卌	卌	卌	卌	—	—	—	—	—	—	卌	卌	—	—	—	—	—
氟乐灵	卌	卌	卌	卌	卌	—	—	—	—	卌	卌	卌	卌	卌	—	—	—	—
高效氟吡甲禾灵	卌	卌	卌	卌	卌	卌	—	—	—	—	—	—	—	—	—	—	—	—
精吡氟禾草灵	卌	卌	卌	卌	卌	卌	—	—	—	—	—	—	—	—	—	—	—	—
精喹禾灵	卌	卌	卌	卌	卌	卌	—	—	—	—	—	—	—	—	—	—	—	—
稀禾定	卌	卌	卌	卌	卌	卌	—	—	—	—	—	—	—	—	—	—	—	—
噁草酮	＋	卌	卌	卌	卌	—	—	卌	—	—	—	—	卌	卌	—	—	—	—
扑草净	＋	卌	卌	卌	卌	—	＋	卌	＋	卌	卌	卌	卌	卌	卌	卄	卄	—
烯草酮	卌	卌	卌	卌	卌	卌	—	—	—	—	—	—	—	—	—	—	—	—
二甲戊灵	卌	卌	卌	卌	卌	—	—	—	—	卌	卌	卌	卌	卌	—	—	—	—

注：卌：防治效果 95%～100%；卄：防治效果 90%～95%；＋：防治效果 80%～90%；—：防治效果 80%以下。

第十章

高粱、谷子

第一节 高粱、谷子病虫害防治

高粱病害有丝黑穗病、散黑穗病、花黑穗病、炭疽病、紫斑病、煤纹病和高粱大斑病。谷子病害有谷子白发病、粒黑穗病、谷瘟病、条斑病和谷子胡麻斑病。高粱、谷子虫害有粟茎跳甲、粟秆蝇、粟叶甲、高粱蚜。

一、谷子白发病

[病原] *Sclerospora graminicola*（Sacc.）Schrot 为指梗霉属病菌，属鞭毛菌亚门真菌。该病为系统性侵染病害。

[症状] 此病主要发生在谷子幼苗时期。发病幼苗叶子变色、扭曲或腐烂，至抽穗前，均可出现叶片稍卷曲，呈现浅绿色至黄白色的条纹，叶片背面有白粉状霉层。随后叶片变黄、枯死，心叶变白，卷成矛头状，不易展开，进而心叶由白色变为黄褐色。病株不能抽穗，有时虽能抽穗，但不结实。病穗上的小花内外颖受病菌刺激而伸长成小叶状，全穗像鸡毛帚。

[防治]

（1）选用抗病品种。

（2）建立无病留种地获得无病种子。

（3）重病田块，实行2～3年轮作倒茬。

（4）及时拔除病株，带出田块处理。

（5）种子药剂处理。每 50 千克种子喷洒 300 倍福尔马林液 70 毫升，喷后用麻袋覆盖 5 小时或用 50℃温水浸种 20 分钟。

药剂拌种：每 100 千克种子用 35％精甲霜灵乳剂 15～25 克拌种。

二、谷瘟病

［病原］ 粟梨孢（*Pyricularia setariae* Nishik.），属半知菌亚门梨形孢属真菌。

［症状］ 叶片病斑初为暗绿色水渍状小点，不久即扩大，变为梭形或椭圆形，中央灰色，边缘深褐色，周围有黄色晕圈。天气潮湿时，病斑背面生鼠灰色霉层。严重时，病斑密集，有的汇合为不规则的长梭形斑，叶片局部枯死。穗部主要侵害小穗柄和穗主轴，病部灰褐色，小穗随之变白枯死。严重时，半穗或全穗枯死。在大流行年份，穗颈和节部也可发病，病部变暗褐色或黑褐色。

［防治］

（1）用 50％福美双可湿性粉剂用种子重量的 0.3％拌种。

（2）于发病初期，叶面喷洒 65％代森锌可湿性粉剂 1 800～2 250 克/公顷或 50％福・福甲胂・福锌可湿性粉剂 1 100～1 500 克/公顷。发病严重地块，隔 5～7 天喷 1 次，连喷 2～3 次。

三、高粱丝黑穗病

［病原］ 孢堆黑粉菌［*Spoisorium reilianum*（Kühn）Longdon et Full］，属担子菌亚门，孢堆黑粉菌属真菌。该病菌以种子带菌为主，是幼苗系统侵染病害。

［症状］ 该病主要为害穗部。病株矮于健株，发病初期病穗穗苞很紧，下部膨大，旗叶直挺，剥开可见内生白色棒状物，即乌米。乌米在发育进程中，内部组织由白变黑，外膜破裂后，散出大量黑粉，

同时露出一束束散乱的丝状物。

［防治］

（1）与其他作物实行 3 年以上轮作。秋季深翻灭菌，可减少菌源。

（2）药剂防治。①用 45～55℃温水浸种 5 分钟后接着闷种，待种子萌发后马上播种。②每 100 千克种子用 5％烯唑醇种子处理干粉剂 400 克加水 1～1.5 升＋益护 100 毫升拌种。③50％萎锈灵粉剂 70 克拌 100 千克种子。

第二节 高粱、谷子田杂草防除

一、高粱田杂草防除

1. 播后苗前

（1）25％绿麦隆可湿性粉剂 3 000 克/公顷。

（2）38％莠去津悬浮剂在土壤有机质 3％以下，沙质土 2 500 毫升/公顷，壤质土 3 750 毫升/公顷，黏质土 6 250 毫升/公顷；土壤有机质 4～5％，沙质土 4 000 毫升/公顷，壤质土 7 000 毫升/公顷，黏质土 7 500 毫升/公顷。土壤有机质高于 5％的土壤不推荐使用。

（3）50％扑灭津可湿性粉剂 1 650～3 300 克，沙质土和土壤有机质高于 5％的土壤不推荐使用。

（4）80％敌草隆可湿性粉剂 1 000 克/公顷。

2. 高粱苗后 3～5 叶期，阔叶杂草 2～4 叶期施药

（1）48％麦草畏水剂 375～600 毫升/公顷。

（2）22.5％溴苯腈乳油 1 200～1 900 毫升/公顷。

（3）48％灭草松水剂 2 500～3 000 毫升/公顷。

二、谷子田杂草防除

1. 播后苗前施药

50％扑草津可湿性粉剂 1 500～2 250 克/公顷。

2. 谷子苗后（4～5 叶期）施药

（1）90％2，4－D异辛酯乳油或90％2，4－D丁酯乳油600～750毫升/公顷。

（2）90％2，4－D异辛酯乳油或90％2，4－D丁酯乳油525毫升/公顷＋48％麦草畏300毫升/公顷。

（3）90％2，4－D异辛酯乳油或90％2，4－D丁酯乳油450～600毫升/公顷＋56％2甲4氯可湿性粉剂750～1 000克/公顷。

第十一章

油　菜

油菜，别名芸苔、寒菜、胡菜、苦菜、苔芥、青菜。又名芸薹、薹菜。为十字花科，芸薹属，一年生草本。

第一节　油菜病虫害防治

一、油菜种苗期病虫害防治

油菜种苗期主要病虫害有立枯病和跳甲。主要采取药剂拌种的方法进行防治。

（1）每 100 千克种子用 35％多·克·福种悬浮衣剂 1 000 毫升＋益护 100 克混合拌种。

（2）每 100 千克种子用 35％克百威种子处理 2 500 毫升＋50％福美双可湿性粉剂 300 克＋益护 100 克混合拌种。

二、油菜生长期病虫害防治

（一）油菜菌核病

油菜菌核病在我国各油菜产区都有发生，以长江流域和东南沿海的冬油菜区发生最严重。近年来，黑龙江省西北部春油菜区发病较重，一般发病率约 10％～30％，严重者达 80％以上。油菜感病后减产可达 10％～70％，含油量降低 1％～5％。

［**病原**］*Sclerotinia sclerotiorum*（Lib.）de Bary 属核盘菌属病菌，属子囊菌亚门。

[田间症状] 油菜从苗期到近成熟期都可发病，以开花期后发病最盛。叶片多从植株下面的衰老、黄化叶片开始发生。初时暗青色，水渍状，后扩大成圆形或不规则形，中心部分灰褐色或黄褐色，中层暗青色，外缘具黄晕。潮湿时，全叶腐烂。角果被害后变白，果荚内外产生小粒菌核，种粒表面粗糙，呈灰白色，无光泽，或变成不规则形的秕粒。

[侵染循环和发病条件] 此病的初侵染源主要是混有菌核的土壤、病残体、种子和堆肥。菌核在不良环境条件下能存活很长时间。土壤中的有效菌核数量越多，病害越重。连阴雨、高湿天气有利此病发生。

[防治]

1. 农艺措施

(1) 与非寄主植物进行轮作。不与油菜、向日葵、大豆、芸豆、红小豆等作物连作。

(2) 适期播种，早播易发病。

(3) 垄作，并在抽薹期及时中耕培土。

2. 药剂防治 轻病田块于始花期或盛花期喷1次药，重病田块应在始花期和盛花期各喷1次药。

(1) 25%咪鲜胺乳油1 500毫升/公顷。

(2) 40%菌核净可湿性粉剂1 050克/公顷。

(3) 50%乙烯菌核利水分散粒剂1 500克/公顷。

(4) 50%异菌脲可湿性粉剂1 200～1 500毫升/公顷。

以上配方每公顷加入0.136%碧护30～45克或益护300～450毫升+米醋1.5升，有健身防病效果。

(二) 小菜蛾

小菜蛾［*Plutella xylostella* (Linnaeus)］，又名吊死鬼，是多种十字花科的主要害虫。它以幼虫在叶背啃食叶肉，造成叶片枯萎，导致减产。

[防治] 在小菜蛾幼虫三龄前，进行药剂防治。

（1）2.5％高效氟氯氰菊酯乳油 225～375 毫升/公顷＋益护 150 毫升/公顷。

（2）2.5％溴氰菊酯乳油 225～375 毫升/公顷＋益护 150 毫升/公顷。

（3）10％氯氰菊酯乳油 225～375 毫升/公顷＋益护 150 毫升/公顷。

（4）5％顺式氰戊菊酯乳油 225～375 毫升/公顷＋益护 150 毫升/公顷。

（5）48％毒死蜱乳油 1 500～2 250 毫/公顷＋益护 150 毫升/公顷。

用飞机或人工背负式机动弥雾机全田喷雾。

第二节 油菜田杂草防除

一、除草剂选择

播种前可选用精异丙甲草胺、异丙甲草胺、异丙草胺、乙草胺、氟乐灵、敌草胺等。

播后苗前可选用精异丙甲草胺、异丙甲草胺、异丙草胺、乙草胺、敌草胺等。

苗后可选用精喹禾灵、稀禾定、高效氟吡甲禾灵、烯草酮等。

二、化学除草配方

（1）48％氟乐灵乳油 2 000～2 500 毫升/公顷，于油菜播种前土壤施药。

（2）90％乙草胺乳油 1 400～2 200 毫升/公顷，于油菜播种前或播后苗前土壤施药。

（3）96％精异丙甲草胺乳油 1 000～2 100 毫升/公顷，于油菜播种前或播后苗前土壤施药。

（4）72％异丙甲草胺乳油 1 500～3 450 毫升/公顷，于油菜播种前或播后苗前土壤施药。

(5) 72%异丙草胺乳油 1 500～3 450 毫升/公顷，于油菜播种前或播后苗前土壤施药。

(6) 12.5%稀禾定机油乳剂 1 500～2 000 毫升/公顷，于油菜苗后施药。

(7) 15%精吡氟禾草灵乳油 750～1 200 毫升/公顷，于油菜苗后施药。

(8) 10.8%高效氟吡甲禾灵乳油 375～525 毫升/公顷，于油菜苗后施药。

(9) 5%精喹禾灵乳油 1 000～1 500 毫升，于油菜苗后施药。

(10) 12%烯草酮乳油 450～500 毫升，于油菜苗后施药。

(11) 50%草除灵悬浮剂 450～600 毫升，于油菜苗后施药。

第十二章

其 他 作 物

第一节 烟 草

一、烟草病虫害防治

移栽前、缓苗后、旺长期各喷施1次波尔多粉500～600倍液。

(一) 烟草黑胫病

[病 原] 寄生疫霉烟草变种[*Phytophthora parasitica* var. *nicotianae* (Breda de Haan) Tucker]，属鞭毛菌亚门疫霉属。

[药剂防治] 53%金雷多米尔-锰锌水分散粒剂1 500～2 250克/公顷。

(二) 烟草赤星病

[病原] *Alternaria alternate* (Fries) Keissler为链格孢属病菌，属半知菌亚门真菌。

[药剂防治] 70%丙森锌可湿性粉剂1 350～1 950克/公顷或40%菌核净可湿性粉剂1 050克/公顷，于发病初期兑水叶面喷雾，每隔7～10天喷1次。喷药时应注意下部叶片，做到喷洒均匀周到。

(三) 烟草野火病 (细菌性病害)

[病原] 丁香假单胞杆菌烟草致病变种[*Pseudomonas syringae* pv. *tabaci* (World et Foster) Young et al.]，属原核生物界，薄壁菌门，假单胞杆菌属。

烟草野火病在我国各烟区均有发生。其中以黑龙江、吉林、辽宁、山东、四川、云南等省发生较重。有的烟田发病率达40%～60%，严重者造成绝产。

[**症状**] 野火病主要为害叶片也为害茎、蒴果、萼片。发病初期产生黑褐色水渍状小圆斑，有很宽的管道，以后病斑扩大，直径可达1～2厘米，圆形或椭圆形，褐色，有辐纹。病斑愈合形成不规则大斑。天气潮湿时，病部有薄层菌脓；天气干燥时，病斑破裂脱落，叶片被毁。

[**防治**]

初发病时及时摘除病叶，并进行药剂防治。72%农用硫酸链霉素可溶性粉剂1∶5 000倍液或50%DT可湿性粉剂500倍液，在田间出现少量病斑后，每隔7～10天喷1次，连喷3～5次；或在大暴雨后喷施。农用链霉素和DT等农药交替使用，以减缓野火病抗药性的产生。

（四）烟草马铃薯Y病毒病

又称烟草脉带病、烟草脉斑病毒病。通过蚜虫、汁液摩擦、嫁接等方式传播。

[**防治**] 采取农业和药剂综合防治技术。

（1）避免将烟田安排在茄科作物附近，尤其不能与马铃薯（毒源）田邻作。要远离村、屯和菜地，减少此病的为害。在烟草田与病菌侵染源量大的地块之间最好种植向日葵、玉米等高秆作物，阻碍有翅蚜虫迁飞，减少传毒机会。

（2）移栽后每隔10～15天喷洒1次，连续用2%菌克毒克1 500克/公顷，对水，叶面喷雾。

（3）注意防治蚜虫。

（五）烟蚜

[**药剂防治**] 70%吡虫啉水分散粒剂15～20克/公顷或48%毒死蜱乳油600毫升/公顷。对水，叶面喷雾。

二、烟草田杂草防除

（一）苗前化学除草

（1）96%精异丙甲草胺乳油。在土壤有机质含量3%以下的沙质土上750～900毫升/公顷，壤质土1 050～1 200毫升/公顷，黏质土1 500毫升/公顷；土壤有机质含量4%以上的沙质土1 050毫升/公顷，壤质土1 500毫升/公顷，黏质土1 800～2 100毫升/公顷。烟草播前或播后苗前施药。

（2）33%二甲戊灵乳油2 400～3 400毫升/公顷。烟草播前施药。

（3）48%甲草胺乳油在土壤有机质含量3%以下的沙质土4 800毫升/公顷，壤质土5 830毫升/公顷，黏质土7 300毫升/公顷；土壤有机质含量4%以上的沙质土4 800毫升/公顷，壤质土6 250毫升/公顷，黏质土8 300～9 000毫升/公顷。烟草播前或播后苗前施药。

（4）50%萘氧丙草胺可湿性粉剂1 500～1 800克/公顷。烟草苗床播前，移栽前或移栽后施药。

（二）苗后化学除草

（1）15%精吡氟禾草灵乳油750～1 000毫升/公顷。烟草苗后禾本科杂草3～5叶施药。

（2）10.8%高效氟吡甲禾灵乳油450～525毫升/公顷。烟草苗后禾本科杂草3～5叶施药。

（3）5%精喹禾灵乳油900～1 500毫升/公顷。烟草苗后禾本科杂草3～5叶施药。

（4）12.5%稀禾定机油乳剂1 500～2 000升/公顷。烟草苗后禾本科杂草3～5叶期施药。

（5）12%烯草酮乳油450～625毫升/公顷。烟草苗后禾本科杂草3～5叶期施药。

第二节　花生田杂草防除

一、花生田播前、播后苗前化学除草

（1）96%精异丙甲草胺乳油。在土壤有机质含量3%以下的沙质土上0.75～0.9升/公顷、壤质土1 050～1 200毫升/公顷，黏质土1 500毫升/公顷；土壤有机质含量4%以上的沙质土1 050毫升/公顷，壤质土1 500毫升/公顷，黏质土1 800～2 100毫升/公顷。

（2）33%二甲戊灵乳油2 400～3 400毫升/公顷，花生播前施药。

（3）48%甲草胺在土壤有机质含量4%以上的沙质土上4 800毫升/公顷，壤质土6 250毫升/公顷，黏质土8 300～9 000毫升/公顷，花生播前、播后苗前施药。

（4）48%氟乐灵乳油750～2 500毫升/公顷，花生播前混土施药。

二、花生苗后化学除草

（1）48%灭草松水剂2 500～3 000毫升/公顷，花生苗后，阔叶杂草2～4叶期施药。可与三氟羧草醚、稀禾定、百草枯混用。

（2）21.4%三氟羧草醚1 000～1 500毫升/公顷，花生苗后，阔叶杂草2～4叶期施药。

（3）41%草甘膦水剂2 500毫升/公顷，花生苗后定向喷雾。

（4）20%百草枯水剂3 000毫升/公顷，花生苗后定向喷雾。

（5）22.5%溴苯腈乳油1 000～1 150毫升/公顷，花生苗后，阔叶杂草2～4叶期施药。

（6）15%精吡氟禾草灵乳油750～1 000毫升/公顷，花生苗后，禾本科杂草3～5叶施药。

（7）10.8%高效氟吡甲禾灵乳油450～525毫升/公顷，花生苗后，禾本科杂草3～5叶施药。

（8）5%精喹禾灵乳油900～1 500毫升/公顷，花生苗后，禾本科杂草3～5叶施药。

第三节　苜蓿、草木樨、三叶草田杂草防除

苜蓿、草木樨、三叶草田化学除草剂种类、用量、使用技术见表12-1。

表12-1　豆科牧草田化学除草

编号	药　剂	用药量［克（毫升）/公顷］	使用时期	防治对象
1	22.5%溴苯晴乳油	1 250～2 500	杂草2～5叶期	阔叶杂草
2	48%地乐胺乳油	2 250～4 500	出苗前	禾本科及部分阔叶杂草
3	10.8%高效氟吡甲禾灵乳油	一年生杂草375～525 多年生杂草600～900	禾本科杂草3～5叶期	禾本科杂草
4	5%精喹禾灵乳油	一年生杂草750～1 000 多年生杂草1 500～2 000		
5	15%精吡氟禾草灵乳油	一年生杂草750～1 000 多年生杂草1 500～2 000		
6	12.5%稀禾定机油乳剂	一年生杂草250～1 500 多年生杂草3 000～5 000		
7	12%烯草酮乳油	一年生杂草450～600 多年生杂草1 000～1 200		
8	96%精异丙甲草胺乳油	1 350～1 800	播后苗前	一年生禾本科和小粒种子阔叶杂草
9	70%嗪草酮可湿性粉剂	600～1 000	豆科牧草休眠期，杂草株高5厘米之前	
10	5%咪唑乙烟酸水剂	1 800～2 000	豆科牧草出苗后，杂草2～5叶期	禾本科杂草及部分阔叶杂草

第四节 甜叶菊田杂草防除

一、甜叶菊苗前化学除草

（1）96%精异丙甲草胺乳油。在土壤有机质含量3%以下的沙质土上750～900毫升/公顷，壤质土1 050～1 200毫升/公顷，黏质土1 500毫升/公顷；土壤有机质含量4%以上的沙质土1050毫升/公顷，壤质土1 500毫升/公顷，黏质土1 800～2 100毫升/公顷，甜叶菊播前或播后苗前施药。

（2）48%氟乐灵乳油1 500～2 500毫升/公顷，甜叶菊播前混土施药。

（3）48%地乐胺乳油。在沙质土上2 250毫升/公顷，壤质土3 450毫升/公顷，黏质土4 500～5 600毫升/公顷，甜叶菊播前施药。

二、甜叶菊苗后化学除草

（1）15%精吡氟禾草灵乳油750～1 200毫升/公顷，甜叶菊苗后，禾本科杂草3～5叶施药。

（2）10.8%高效氟吡甲禾灵乳油450～525毫升/公顷，甜叶菊苗后，禾本科杂草3～5叶施药。

（3）5%精喹禾灵乳油900～1 500毫升/公顷，甜叶菊苗后，禾本科杂草3～5叶施药。

（4）12.5%稀禾定机油乳剂1 500～2 000毫升/公顷，甜叶菊苗后，禾本科杂草3～5叶期施药。

（5）12%烯草酮乳油450～625毫升/公顷，甜叶菊苗后，禾本科杂草3～5叶期施药。

第五节 水 飞 蓟

一、水飞蓟病害

（一）水飞蓟软腐病

［病原］胡萝卜欧氏菌［*Erwinia carotovora* subsp. *carotovora*

(Jones 1901) Borgey et al. 1923]。

[**症状**] 主要发生在茎部，叶片、叶柄、花蕾和果实上也有发生。开始为污白色水渍状，其后中部软腐，最后成为空心。

[**防治**]

(1) 选无积水地块。

(2) 适期早播，使抽薹现蕾期提前。

(3) 种子用1%福尔马林液浸泡1小时。

(4) 定期喷80%代森锌可湿性粉剂600倍液或45%代森铵水剂1 000倍液。

(5) 药剂拌种。

(二) 水飞蓟叶斑病

[**症状**] 主要发生在叶片上，使叶片产生褐色或黑色的病斑。受害严重时，病斑连成一片而枯萎。

[**防治**] 可用石灰硫黄合剂或45%代森铵水剂1 000倍液、80%代森锌600倍液、72%农用硫酸链霉可溶性粉剂150～300克/公顷，对水，喷雾。

(三) 水飞蓟白绢病

[**症状**] 发生在茎基部，病部褐色，有白色绢丝状菌丝体，后来还生很多茶褐色的菌核，得病腐烂，茎叶凋萎。

[**防治**] 见水飞蓟叶斑病。

二、水飞蓟虫害

水飞蓟主要害虫有菜青虫、蚜虫、金龟子、苜蓿夜蛾等为害叶片和嫩茎。

[**防治**]

(1) 人工捕捉。

(2) 用80%敌敌畏1 500倍液或2.5%敌杀死2 000倍液，喷雾杀灭。也可播种时用辛硫磷拌种，可防治地下虫害。

三、水飞蓟田杂草防除

1. 苗后防治一年生禾本科杂草（苗后禾本科杂草 3～5 叶施药）

（1）15％精吡氟禾草灵乳油 750～1 200 毫升/公顷。

（2）10.8％精氟吡甲禾灵乳油 450～525 毫升/公顷。

（3）5％精喹禾灵乳油 900～1 500 毫升/公顷。

（4）12.5％稀禾定机油乳剂 1 500～2 000 毫升/公顷。

（5）12％烯草酮乳油 450～600 毫升/公顷。

2. 防治芦苇、碱草、冰草、狗牙根等多年生禾本科杂草（在 40 厘米以下）

（1）15％精吡氟禾草灵乳油 1 200～2 000 毫升/公顷。

（2）10.8％精氟吡甲禾灵乳油 900～1 350 毫升/公顷。

（3）12％烯草酮乳油 1 000～1 200 毫升/公顷。

第六节　万 寿 菊

一、万寿菊叶斑病

［防治］

（1）育苗床土消毒。800 倍液 70％敌克松可溶性粉剂浇透床土或 50％多菌灵 4 克/米^2，对水 100 倍液，均匀喷洒在苗床上，盖膜密封 2～3 天，然后揭膜通风。

（2）种子处理。把 50％的多菌灵可湿性粉剂用种子重量的 250 倍液浸泡 10～15 分钟，然后放在 25℃温水中浸泡 6～8 小时，捞出后控干即可播种，如果买到的种子经包衣等处理的，就不要再处理。

（3）苗期病害防治 。苗高 4～6 厘米时，每隔 10 天喷 1 次杀菌剂，用 50％的多菌灵可湿性粉剂或 50％代森锰锌可湿性粉剂 1 000 倍液喷洒。

（4）带药移栽。移栽前 1～2 天，用 50％多菌灵可湿性粉剂或 50％代森锰锌可湿性粉剂 1 000 倍液喷洒，对大田栽后病害侵染有较好的防治效果。

（5）田间防治技术。万寿菊移栽后，尤其是始花期最易感病，可视感病轻重，采用“三代合剂”防治。即：用多菌灵加代森锰锌、甲基托布津加代森锰锌、瑞毒霉锰锌，稀释成600倍液摘花前喷3次。以上合剂要交叉使用，不能只用一种药，防止病菌对药剂产生抗性。

二、万寿菊田杂草防除

1. 苗后防治一年生禾本科杂草（苗后禾本科杂草3～5叶施药）

（1）15%精吡氟禾草灵乳油750～1 200毫升/公顷。

（2）10.8%精氟吡甲禾灵乳油450～525毫升/公顷。

（3）5%精喹禾灵乳油1 500毫升/公顷。

（4）12.5%稀禾定机油乳剂1 500～2 000毫升/公顷。

（5）12%烯草酮乳油450～600毫升/公顷。

2. 防治芦苇、碱草、冰草、狗牙根等多年生禾本科杂草（在40厘米以下）

（1）15%精吡氟禾草灵乳油1 200～2 000毫升/公顷。

（2）10.8%精氟吡甲禾灵乳油900～1 350毫升/公顷。

（3）12%烯草酮1 000～1 200毫升/公顷。

第七节 甘 草

一、甘草病害防治

甘草病害主要有锈病、褐斑病、白粉病等。

（一）甘草锈病

［症状］ 染病的叶背面产生黄褐色疱状病斑，表皮破裂后散出褐色粉末，叶片易枯黄脱落。

［防治］ 清除病残株，集中中烧毁；发病初期用15%三唑酮可湿性粉剂（粉锈宁）1 000倍液或25%戊唑醇水乳剂400倍液，喷雾

防治。

(二) 甘草褐斑病

[**病原**] 黄芪尾孢（*Cercospora astragalis* Woroni chin Fisch），属半知菌亚门真菌。

[**症状**] 叶片上出现圆形或不规则形病斑，直径1～2毫米，中心部位黑褐色，边缘褐色，两面均有灰黑色霉状物。多发生在7～8月份。

[**防治**] 发病初期喷施80%代森锰锌可湿性粉剂800倍液1～2次。

二、甘草田杂草防除

防除甘草田禾本科杂草可用5%精喹禾灵乳油、12.5%稀禾定乳油、12%烯草酮乳油、10.8%高效氟吡甲禾灵乳油等苗后喷雾处理。见万寿菊田化学除草。

甘草播后苗前施药应先在当地试验示范，使用技术成熟再推广使用。可选择的药剂有48%甲草胺乳油、96%精异丙甲草胺乳油、33%二甲戊灵乳油等。

第八节　亚　　麻

亚麻是古老的韧皮纤维作物和油料作物。亚麻起源于近东、地中海沿岸。亚麻喜凉爽、湿润的气候。纤维型亚麻是1906年从日本引入中国的，主要分布在黑龙江和吉林两省。

一、病虫害防治

亚麻田主要病害有立枯病、枯萎病、炭疽病、斑点病、褐变病和锈病。坚持与禾本科作物轮作，适期播种可以减少病害的发生。害虫有跳甲、草地螟、黏虫、甘蓝夜蛾。防治方法参见第二章、第三章、第四章、第六章有关害虫防治部分。

(一) 亚麻立枯病

[病原] 立枯丝核菌（*Rhizoctonia solani* Kühn），属半知菌亚门真菌。

[症状] 该病主要发生在幼苗期。幼苗出土后不久，受害幼苗茎基地下部呈黄色至黄褐色条斑，叶片上伸，茎直立，顶梢萎垂，逐渐全株死亡。严重时，病斑扩展而绕茎，病株倒伏，随后死亡。被害轻的幼苗能继续生长，但长势弱。

[防治] 药剂拌种防治配方（每 100 千克种子用药量）：

(1) 50%福美双可湿性粉剂 200～300 克。

(2) 2.5%咯菌腈悬浮种衣剂(适乐时)200～400 毫升加水 600 毫升。

(二) 亚麻枯萎病

[病原] 亚麻镰孢（*Fusarium lini* Bolley），属半知菌亚门真菌。

[症状] 亚麻整个生长期均可受侵染。病苗根部变褐色，幼茎萎蔫，叶片枯黄。成株期染病后，顶梢萎垂，植株黄化，矮小，茎秆中维管束变褐色，渐渐全株枯死。病根上常出现粉红色霉状物。病株茎基部的根系腐烂，易从土中拔出。

[防治] 见立枯病。

(三) 亚麻炭疽病

[病原] 亚麻炭疽菌［*Colletotrichum lini*（West.）Tochinai］，属半知菌亚门真菌。

[症状] 亚麻从苗期到成熟期植株各部分均可感病。一般苗期感病较重。幼苗出土后不久即开始发病，在胚轴上生锈色或黄色的长条形病斑，子叶边缘常形成明显而下陷的半圆形病斑，子叶中央形成圆形褐色病斑，斑中有轮纹，以后逐渐扩大，使子叶枯死。在成株期叶上也产生暗褐色圆形病斑，在茎上呈褐色、圆形、稍凹陷的溃疡病斑，影响纤维生长。

[防治]

(1) 用 80%炭疽福美或 50%福美双可湿性粉剂，按种子重量的 0.3%拌种。

（2）发病初期用75％百菌清可湿性粉剂2 000～2 500克/公顷或70％甲基硫菌灵可湿性粉剂400～500克/公顷、90％代森锰锌可湿性粉剂2 250～3 000克/公顷，对水，叶面喷雾。

二、亚麻田杂草防除

（一）防治菟丝子、禾本科及部分阔叶杂草

播前或播后苗前用48％地乐胺乳油5 000～7 500毫升/公顷。

（二）禾本科及部分阔叶杂草

（1）96％精异丙甲草胺乳油750～2 100毫升/公顷，播前或播后苗前施药。低洼地不推荐使用。

（2）48％氟乐灵乳油1 500～2 250毫升/公顷，播前混土施药。

（三）苗后防治禾本科杂草

1. 一年生禾本科杂草3～5叶期

（1）10.8％高效氟吡甲禾灵乳油375～525毫升/公顷。

（2）5％精禾草灵乳油900～1500毫升/公顷。

2. 一年生禾本科杂草2～5叶期

（1）15％精吡氟禾草灵乳油750～1 200毫升/公顷。

（2）12.5％烯禾定机油乳油1 200～1 500毫升/公顷。

（3）12％烯草酮乳油525～600毫升/公顷。

3. 多年生禾本科杂草

（1）10.8％高效氟吡甲禾灵乳油900～1 350毫升/公顷。

（2）15％精吡氟禾草灵乳油1 500～2 000毫升/公顷。

（四）苗后防治阔叶杂草

（1）13％2甲4氯钠盐水剂3 750～5 000毫升/公顷。

（2）56％2甲4氯钠可溶性粉1 000～1 500克/公顷。

（3）48％灭草松水剂2 500～3 000毫升/公顷。

（4）48％灭草松水剂1 500毫升/公顷＋56％2甲4氯钠500～750克/公顷。

亚麻田除草剂的杀草谱见表12-2。

表 12-2　亚麻田除草剂杀草谱

除草剂	野燕麦	菟丝子	稗草	金狗尾草	狗尾草	毒麦	野黍	蒿属	苍耳	苘麻	亚麻荠	铁苋菜	香薷	柳叶刺蓼	酸模叶蓼	鸭跖草	反板苋	藜	苣荬菜	刺儿菜
48%仲丁灵（地乐胺）乳油	卌	卌	卌	卌	卌	—	—	—	—	—	—	—	—	卄	卄	—	卌	卌	—	—
96%精异丙甲草胺乳油	+	卌	卌	卌	卌	—	卌	—	—	+	—	卌	卌	卌	卌	卌	卌	卌	—	—
48%氟乐灵乳油	卌	—	卌	卌	卌	—	卄	—	—	—	—	—	—	卌	卌	—	卌	卌	—	—
10.8%高效氟吡甲草灵乳油	卌	—	卌	卌	卌	卌	卌	—	—	—	—	—	—	—	—	—	—	—	—	—
15%精吡氟禾草灵乳油	卌	—	卌	卌	卌	卌	卌	—	—	—	—	—	—	—	—	—	—	—	—	—
5%精喹禾灵乳油	卌	—	卌	卌	卌	卌	卌	—	—	—	—	—	—	—	—	—	—	—	—	—
12.5%稀禾定乳油	卌	—	卌	卌	卌	卌	卌	—	—	—	—	—	—	—	—	—	—	—	—	—
12%烯草酮乳油	卌	—	卌	卌	卌	卌	卌	—	—	—	—	—	—	—	—	—	—	—	—	—
6.9%精恶唑禾草灵水乳剂	卌	—	卌	卌	卌	卌	卌	—	—	—	—	—	—	—	—	—	—	—	—	—
48%灭草松水剂	—	—	—	—	—	—	—	卌	卌	卌	—	+	卌	卌	卌	卄	卌	卌	卌	卌
13%2 甲 4 氯水剂	—	—	—	—	—	—	—	卌	卌	+	—	卌	卌	卌	卌	卌	卌	卌	卌	卌

注：卌：防治效果 95%～100%；卄：防治效果 90%～95%；+：防治效果 80%～90%；—：防治效果 80%以下。

第十三章

农药田间喷洒技术

农药田间喷洒技术是农业科技人员在科学试验和长期生产实践中总结出的，是符合现代农艺要求的农药应用技术体系的重要组成部分。它对农药雾滴大小、雾滴直径、喷液量、喷洒器械及配件、行走速度、喷雾压力、喷洒高度、喷洒器械作业、施药条件等进行规范，构成农药田间喷洒技术体系。

一、喷洒技术规范

用于喷雾的农药可分为除草剂、杀虫剂、杀菌剂和植物生长调节剂等。按它们在植物体内的传导能力和作用方式又分触杀型和内吸型药剂。按药剂施用时期，针对作物又可分为苗前喷雾，苗后喷雾。基于这些差异，对农药喷雾有如下规范性要求（表 13－1 至表 13－8）。

表 13－1　地面作业对雾滴直径和雾滴密度的要求

喷洒药剂种类和方式	雾滴（微米/直径）	雾滴密度（个/平方厘米）
苗前喷洒除草剂	300～400	30～40
苗后喷洒除草剂	250～400	30～50（内吸性）
		50～70（触杀性）
苗后喷洒杀虫剂	250～400	30～40（内吸性）
		50～70（触杀性）
苗后喷洒杀菌剂	250～400	30～40（内吸性）
		50～70（触杀性）

表 13-2　农业航空作业对雾滴直径和雾滴密度的要求

喷洒类型	喷洒对象		雾滴大小	备　注
常　量	除草剂	苗前	300～400	
		苗后	250～300	
	杀虫剂		250～300	内吸性 300～350
	杀菌、杀螨剂		250～300	内吸性 300～350
	化学肥料		250～300	
低容量	除草剂	苗前	250～300	
		苗后	200～250	
	杀虫剂		150～200	内吸性 200～250
	杀菌、杀螨剂		150～200	内吸性 200～250
	化学肥料		200～250	
超低容量	杀虫剂 杀菌、杀螨剂	卫生害虫	≤80	
		农林牧业害虫	80～120	
		农林业病虫害	80～100	

表 13-3　地面不同作业项目对喷嘴和喷液量的要求

作业项目	喷嘴型号 （扇形喷嘴）	过滤器型号	喷液量（升/公顷）
喷洒苗前除草剂	11003	50 筛目	180～200（喷杆喷雾机）
	11004	50 筛目	180～200（喷杆喷雾机）
	11002	50 筛目	225～300（手动背负式喷雾器）
	11003	50 筛目	225～300（手动背负式喷雾器）
喷洒苗后除草剂、杀虫剂、杀菌剂、植物生长调节剂、液体肥料	80015	100 筛目	100（喷杆喷雾机）
	11002、8002	100 筛目	100（大型自走喷杆喷雾机）
	11001	100 筛目	100～150（手动背负式喷雾器）
	80015	100 筛目	100～150（手动背负式喷雾器）

表 13-4 不同航空作业项目应采用的喷液量

作业项目	雾滴直径（微米）	喷液量（升/公顷）
喷洒森林灭虫	90～120	15～20
喷洒杀虫剂、杀菌剂、植物生长调节剂	200～400	15～20
喷洒叶面施肥	200～400	20～50
喷洒苗后除草剂	200～400	20～30
苗前除草剂	400～450	30～50

表 13-5 不同作业项目对喷雾压力和行走速度的要求

作业项目	喷雾压力（标准大气压）	车速（千米/小时）
苗前除草剂	2～3	6～8（喷杆喷雾机）
	3～4	10～16（大型自走式喷杆喷雾机）
	2	3～4（手动背负式喷雾器）
苗后除草剂、杀虫剂、杀菌剂、植物生长调节剂、液体肥料	3～4	6～8（喷杆喷雾机）
	4～5	10～16（大型自走式喷杆喷雾机）
	2～3	3～4（手动背负式喷雾器）

表 13-6 航空作业对飞行高度、喷幅的要求

飞机型号	农业作业		其中灭虫	森林灭虫	
	飞行高度（米）	喷辐（米）	喷辐（米）	飞行高度（米）	喷辐（米）
空中农夫	3～4	18～20	20	10～15	30
“M－18”	3～4	25～45	50	10～15	60
“运 11”	3～4	40～45	50	10～15	60
“N－5A”	3～4	35～40	35	10～15	50
“GA－200”	3～4	18～20	20	10～15	30
“Y－5B型”	5～7	45～50	50	10～15	60

表 13-7　对气象条件的要求

喷洒药剂		气温	空气相对湿度	风速米/秒
苗前除草剂 苗后除草剂 杀虫剂 杀菌剂 植物生长调节剂	适宜气象条件	13～27℃	≥65%	≤4
	不适宜气象条件	≥27℃	≤65%	≥4

表 13-8　喷头喷雾角度和喷杆高度

喷头喷雾角度	喷头间距离（厘米）	喷杆高度（厘米）
80°	46	38
	50	46
	60	50
	75	63
110°	46	45
	50	50
	60	56
	75	36

喷雾机部件选择：推荐使用美国喷雾系统公司生产的扇形喷嘴、过滤器、快速组装喷头体和喷雾分布均匀度测试板。

二、田间施药技术规程

（一）拖拉机喷杆喷雾机

1. 安装与调整

（1）安装后整机检查。喷雾机与拖拉机连接时，要细致检查各连接处的坚固状态，以防止作业时松动。检查药箱、喷杆、管路、泵、操纵部分、压力表、加水器、喷嘴、过滤器等，安装是否合理，有无滴漏。安装检查完毕后装水试喷，再次检查安装是否合理，有无堵塞，滴漏现象，然后进行各部件调整。

（2）喷头喷杆的安装与调整。喷杆的安装要与地面平行，高度要适当。过低，因受地形影响容易造成漏喷；过高，受风影响雾滴覆盖也不均匀。喷嘴一般距地面高 40～60 厘米。喷嘴喷雾扇面与喷杆要成 10°角，两个扇形喷嘴喷雾扇面在地面应重叠 30％～50％，最好用美国喷雾系统公司生产的喷雾分布测试盘（型号：37685TeeJet）进行测试。喷头与喷头间距 50 厘米时，喷杆高度应调整到使两个相邻扇形雾面相互重叠 1/4，如图 13－1 所示。

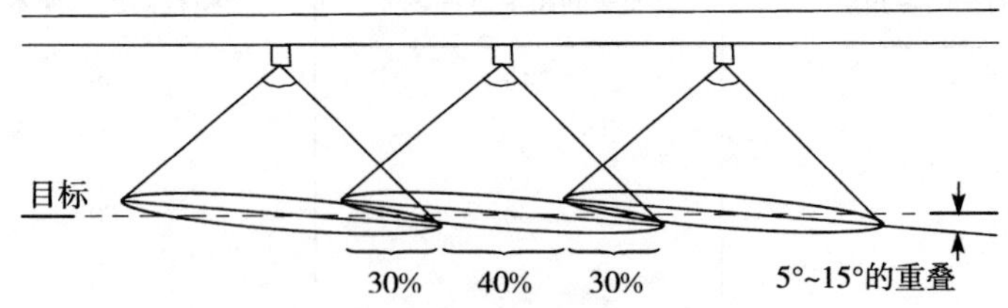

图 13－1　扇形喷嘴最佳重叠图示

喷嘴安装需要注意：30％～50％的重叠，喷头喷雾扇面与喷杆偏转 5°～15°角。

扇形喷嘴的喷雾重叠后分布特点如图 13－2。

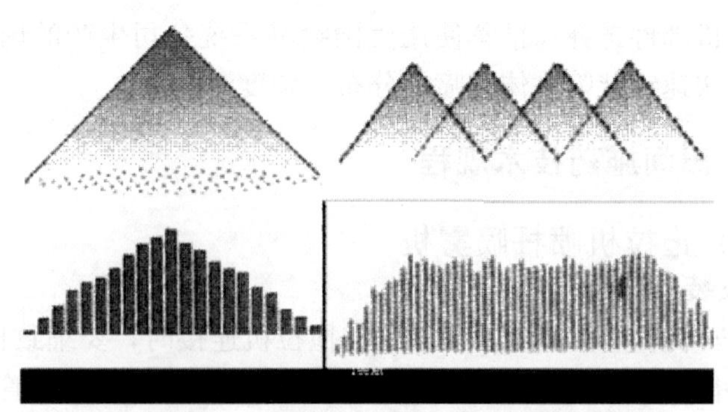

图 13－2　扇形喷嘴的喷雾分布特点

表 13-9　不同喷嘴单口流量、压力、车速、喷液量参数表

喷嘴型号	压力（千克/厘米²）	单口流量（升/分）	不同车速喷液量（升/公顷）		
			6 千米/小时	8 千米/小时	10 千米/小时
TeeJet11001、8001 型扇形喷嘴，100 筛目过滤器	2	0.33	65	49	39
	2.5	0.37	73	55	44
	3	0.4	80	60	48
	3.5	0.43	86	65	52
	4	0.46	92	69	55
TeeJet11015、80015 型扇形喷嘴，100 筛目过滤器	2	0.49	98	74	59
	2.5	0.55	110	82	66
	3	0.6	120	90	72
	3.5	0.65	130	97	78
	4	0.69	139	104	83
TeeJet11002 型扇形喷嘴，50 筛目过滤器	2	0.65	130	97.5	78
	3	0.79	158	119	94.8
	4	0.91	182	137	109
TeeJet11003 型扇形喷嘴，50 筛目过滤器	2	0.98	196	147	118
	2.5	1.10	219	164	131
	3	1.20	240	180	144
	3.5	1.30	259	194	156
	4	1.39	277	208	166
TeeJet11004 型扇形喷嘴，50 筛目过滤器	2	1.31	261	196	157
	2.5	1.46	292	219	175
	3	1.60	320	240	192
	3.5	1.73	346	259	207
	4	1.85	369	277	222

（3）单喷头喷液量测定。测定前，药箱装上水，将拖拉机停放在

平整的地面上，起动机车后定油门、泵压，待正常喷洒后用量杯或其他容器同时接水 1 分钟，测量整个喷头的出液量。按同样方法重复 3 次。观察其误差。如各喷嘴的喷液量误差超过 5%，要调整喷嘴后再测，直到误差不超过 5%为止。如每台喷雾机的喷嘴较多，受接水容器限制，可分批进行。

（4）喷液量调整。

①选择设计喷液量根据喷洒农药的种类，选择喷液量。

②选择适当的压力。

选择设计喷液量根据喷洒农药的种类，选择喷雾压力。

③选择拖拉机适当车速。喷洒除草剂时拖拉机速度应控制在每小时 6～8 公里，最高不要超过 8 公里。按田间作业的要求，定好压力的档位，在平地启动喷雾机实测喷雾机喷头一分钟单口流量，检查是否符合设计要求。喷液量计算公式如下：

$$f=\frac{r\times d\times a}{10\ 000}=\frac{s\times r\times a}{600} \qquad s=\frac{f\times 600}{r\times a}$$

式中：r 为喷幅＝喷头间距离×喷头个数（米）；d 为拖拉机行走距离（米/分）；

a 为设计喷液量（升/公顷）；s 为拖拉机时速（千米/小时）；600 和 10 000 为单位换算常数；f 为喷头单口喷液量（升/分）×喷头个数（2）。

④施药前除了要计算拖拉机行走速度外，还要实测和校核拖拉机行走速度。一般采用百米测定法：在田间量取 100 米距离，用秒表计时，拖拉机以计算的速度行走 100 米，记录所需时间，重复 3 次。如与计算值有差值，可通过增减油门或换挡来调整速度。

2. 田间操作

（1）用药量计算　喷雾机调整好后，需要计算每药箱加药量。单位面积的喷液量，用药量与加药箱容量都是已知的，可用下列公式求出每箱加药量。

$$\frac{\text{每药箱加药量}}{\text{（千克或升）}}=\frac{\text{药箱容量（千克或升）}}{\text{喷液量（升/公顷）}}\times\text{用药量（升/公顷）}$$

配制药液前应准备好两只药桶供配制母液用。配制母液时如用可湿性粉剂，可先在桶中加入少量水，边搅拌，边加药，切不可一次加药过多，否则不易搅拌均匀。配制乳剂母液也要这样边加药边搅拌。药箱加药时，要先在药箱中加入一半清水，然后加入配制好的母液，再加满清水。可湿性粉剂与乳剂混用时，可在两个药桶中分别配制母液。如在一个桶中配制，要先加可湿性粉，待可湿性粉剂搅拌均匀后再加乳剂进行搅拌，待完全均匀后再加入药箱。

（2）喷药作业。

①作业前要丈量好土地，做好田间设计。

②地头要标清楚枕地线，待全田喷完再横喷枕地。

③田间一定要打堑（单方向作业一个幅宽），插旗标识，拖拉机要带划印器。

④机车作业前，需在田外枕地位置进行试喷，每个喷幅均如此操作，以防在喷药过程中出现问题。喷洒时应先给动力，然后打开送液开关喷洒。停车时应先关闭送液开关，后切断动力。在地头回转过程中，保持搅拌，但停止喷雾作业，即动力输出轴始终旋转，以保持喷雾液体的搅拌，但送液开关为关闭状态。

⑤喷洒作业中应注意风速、风向。大风天应停止作业。喷洒易挥发和苗后除草剂时，一般在10～16时不宜作业。

⑥驾驶员要注意观察喷杆是否与地面平行；喷雾压力、油门、车速是否保持稳定，喷头有无堵塞现象，如有堵塞应立即停车调整，堵塞的喷头应用水冲洗或毛刷子仔细清理，不可用锥子穿、挖，否则容易损坏喷头。

⑦根据每个往返的面积确定加药量和加水量。做到定点、定量加药加水，往返核对，地块结清。如发现与设计的工作参数不符，要根据实际情况调整用药量。

⑧药液接近喷洒完毕时，应切断搅拌回液管路，避免因回液搅拌造成喷头流量不均。如果喷雾机药箱上没有安装液位观察器，则当压

力表的指针发生颤动时，即说明喷雾机药箱已空，这时拖拉机的动力输出轴应当立即脱开，以免液泵脱水运动。

(二) 航空喷雾

农业航空作业效果，主要取决于航空作业保证药剂雾滴的覆盖密度和提高雾滴回收率。

保证药剂雾滴的覆盖密度，提高防治效果，则应尽可能应用小雾滴。小雾滴密度大，覆盖效果好，对杀虫、防病小雾滴尤为重要。

提高雾滴回收率主要是降低挥发流失和飘移流失。其中：

降低挥发流失减少农药的损失，主要措施：①夜航作业（夜间作业气温低，湿度大，无阳光照射，气流稳定，雾滴挥发损失小，沉降、雾滴覆盖率高。如澳大利亚、美国等国家都广为使用）；②采用抗挥发的配方（在药液中加入抗挥发的航空沉降剂、植物油助剂等助剂或加入适量的尿素减少挥发）；③限制喷施作业的气象条件；④选择适宜的作业高度；⑤静电喷雾法（通过高压静电场使雾滴带相同极性电荷，这样有助于雾滴分散和在目标物上均匀沉降，加快沉降速度，减少挥发）。

降低飘移流失应采取的措施：根据防治目标，药剂种类及气象条件，正确的选择雾滴直径，同时，在作业时根据不同的雾滴大小和飘移距离进行侧风修正。使用可控制雾滴大小的喷洒设备，除草作业时降低喷洒压力，雾滴调控在 250～350 微米。降低飞行高度。避免在多风和高热流条件下作业。使用的药液中加入适量的航空沉降剂和植物油助剂或有机硅助剂。

航空作业时飞行高度、作业喷幅、喷液量、飞行速度、气象条件选择、药液配制、喷洒方法等都应按照技术要求。

1. **喷液量确定** 民用航空作业标准规定：常量喷洒喷液量大于 30 升（含 30 升）/公顷；低容量喷洒；喷液量 5～30 升/公顷；超低容量喷洒喷液量小于 5 升（含 5 升）/公顷。

超低容量喷洒只用于森林灭虫（喷液量 3 升/公顷）和草原灭蝗（喷液量 1.5 升/公顷）。

表 13-10

作业项目	喷液量（升/公顷）	雾滴直径（微米）	雾滴密度（个/厘米^2）
叶面肥	20	200～250	不少于 30
杀虫剂	10～15	150	20 个左右
杀菌剂	20		

2. 航空作业药液配制 药液配制就应按飞机每架次实际装载量和单位面积使用的药剂（化肥、微肥）数量计算好各类药剂用量，也可以几个架次的药液一块配好，再按每架次固定药量给飞机加药。无论是可湿性粉剂、水剂、乳剂、可溶性粉剂、悬浮剂等都要先用少量水配制成母液，再把配制好的母液倒入配药池或配药箱中，边倒边过滤，使其通过 250 目铁纱网，并不断搅拌，加足所需水量。如果进行叶面施肥，无论肥料的可溶性如何，都要先将肥料溶解后再倒入配药池或配药箱中。往飞机中加药液的过程中还要有一道过滤网，防止杂质堵喷嘴。如果要往飞机中直接加药，应先在飞机药箱中加入半箱清水，再倒入配制好的母液，最后将水加至所需量，但不可先将药液倒入飞机药箱中再加水的做法，这样易造成上下药剂浓度不均匀，同时在喷杆、药泵中充满原药。

药液配制时一定要精确的计算药量，特别是多种药剂混合喷施更要注意用药量的准确性。多种药剂以及和肥料、微量元素肥等混合使用时，一定要在配制药液前进行混配试验，防止发生化学反应，飞机喷洒不出去。不论使用何种配方都要将配方中的药剂名称、特性跟飞行人员讲清楚。

3. 喷雾助剂的使用 影响农业航空作业质量的主要因素是湿度和温度。在飞机作业期间，温度高、湿度小使雾滴挥发，特别是小于 100 微米的小雾滴，会偏离目标物或蒸发掉，尤其是以水为载体的药液挥发更快，影响药效发挥。在农业航空作业时，温度超过 28℃，空气相对湿度小于 60%时，就要停止作业。我国北方旱田作业时，干旱少雨，空气相对湿度低，尤其近几年作业季节常常遇到这样的条件。因此，农业航空作业中不加喷雾助剂，很难获得好的效果。在干旱条件下，加入植物油型助剂和有机硅助剂可获得稳定药效，对作物安全。

表 13-11　不同喷液量与雾滴密度的关系

雾滴直径（微米）	喷液量					
	1 升/公顷	5 升/公顷	10 升/公顷	15 升/公顷	20 升/公顷	30 升/公顷
	雾滴密度（个/厘米^2）	雾滴密度（个/厘米^2）	雾滴密度（个/厘米^2）	雾滴密度（个/厘米^2）	雾滴密度（个/厘米^2）	雾滴密度（个/厘米^2）
20	2 387	11 935	23 870	35 805	47 740	71 610
40	298	1 490	2 980	4 470	5 960	8 940
60	88	440	880	1 320	1 760	2 640
80	37	185	370	555	740	1 110
100	19	95	190	285	380	570
120	11	55	110	165	220	330
140	7	35	70	105	140	210
160	5	25	50	75	100	150
180	3	15	30	45	60	90
200	2	10	20	30	40	60
250	1	5	10	15	20	30
300	0.7	3.5	7	10.5	14	21

（三）人工背负式喷雾器

1. 喷雾器选择　人工喷雾应选用山东卫士牌手动喷雾器，配流量低的扇形喷嘴，喷雾压力可达 405 千帕，压力足，材质好，坚固耐用。喷洒除草剂选用 Teejet11001、Teejet80015、Teejet11002 型扇形喷嘴，选 100 筛目滤网，喷雾压力要达 304～507 千帕，喷洒杀虫剂、杀菌剂选用。

2. 人工喷雾作业标准　施药前测定喷洒流量和行走速度，确定喷幅宽度，准确计算喷液量和用药量，喷雾时定喷雾压力和喷头距地面高度。垄作作物顺垄施药，一次喷一条垄，不能左右甩动施药，不能随意降低喷头高度等。

三、干旱条件下除草剂施药技术要点

黑龙江省属寒温带大陆性气候。秋、冬雨雪少，春季干旱，多大风，严重影响苗前、苗后除草剂的药效，特别是近年5～6月份施除草剂时期干旱、多大风，在干旱条件下，化学除草应采取以下措施：

（一）苗前除草剂施药技术要点

苗前施药后，除草剂应到达0～5厘米土层才能发挥药效。

苗前除草剂通过两种方式到达杂草吸收层，即杂草萌发、吸收水分和营养的土层。一是靠雨水或灌溉将药剂带人土壤，使除草剂分子均匀分布土壤中才能被杂草幼芽或幼苗吸收而起除草作用，二是靠机械混土。这种方式不如雨水或灌溉能使除草剂分布均匀。土壤类型中黏质土和细土表面积大、孔隙多，能储存较多的水分，在干旱条件下除草剂分子则能牢固吸附在土壤表面，较难发挥除草作用，施药后采用机械措施，如播前用圆盘耙地混土，播后苗前用旋转锄混土。用机械中耕培土，使除草剂与土壤结合，可避免除草剂挥发、光解和被大风吹走，除草剂在土中增加与杂草接触的机会，只要水分合适，杂草发芽即接触除草剂，可提高除草效果。土壤干旱，除草剂在土中因微生物活动少，降解少，待水分条件改善，仍可发挥化除作用。遇严重干旱，播前施药耙地混土水分损失严重，此法不可取，播后苗前施药后中耕培土亦称趟蒙头土，培土2厘米措施可行，并要及时镇压保墒。易挥发除草剂如卫农、氟乐灵等不宜使用。

（二）苗后除草剂施药技术要点

苗后除草剂的药效主要受湿度、温度影响。高温可改变植物根吸水和蒸腾失水的平衡，使植物维管束系统和根系受损伤而限制水分吸收速度，使作物受害，还能加快除草剂雾滴的蒸发，特别是直径小于

100 微米的雾滴会偏离目标被蒸发掉，严重影响药效，一般温度高于28℃时不宜施药。长期干旱，土壤水分不足，空气相对湿度低有助于植物茎叶上茸毛发育，形成较厚的角质层及脱水的果胶束，降低杂草茎叶表面对除草剂的吸收和传导能力，加快除草剂雾滴的蒸发，特别是雾滴直径小于 100 微米的雾滴被蒸发掉，严重影响药效。空气相对湿度低于 65%时应停止施药。在干旱条件下施药时药液中加入有机硅和植物油型喷雾助剂可减少除草剂挥发和飘移损失，降低药液表面张力，增加药液雾滴在叶表面的扩展面积，增强渗透性，促进植物对药剂的吸收，在干旱条件下可获得稳定药效，对作物安全。

四、施药器械的清洗

喷药结束后，要用清水冲洗药箱、泵、管路、喷头和过滤系统。改换药剂品种和不同种类作物时也要注意彻底清洗，以免药液残留造成敏感作物药害。

五、安全防护

配药、喷药过程中要十分注意安全防护工作，严格按照技术操作规程进行作业。作业前要备好胶皮手套、工作服、肥皂、毛巾、保护镜和清水等用品。喷洒毒性较大的药剂时，还应准备必要的临时药品和工具，以备急需使用。

（一）单人单次作业时间不能过长，轮流作业。

（二）毒性高的农药，或高秆作物或气温比较高时，不得采用人工背负式喷雾器作业。

（三）避免顺风作业，以免人身受药雾污染。

（四）注意作业时禁止吸烟、禁止使用蜡烛照明，禁止有明火，很多农药都是易燃品。

（五）避免高温环境下作业。高温下作业，易引起作业人员中毒。

第十四章

农作物健身防病促熟增产技术

黑龙江省属寒温带半湿润大陆性气候，作物生育前期受延迟性低温影响，生育后期受早霜的影响，某些年份（每10年有1～2年）生育中、后期受障碍性低温影响，病害发生为害严重。传统植物病害防治方法导致病害生理小种变异，产生抗性，防治效果差，病害为害加重，损失严重。作物病害防治应该寻求新的途径，回归自然，采用平衡施肥，选用安全性好的农药，增强农作物自身的适应能力，诱导抗病，健身防病。农作物生产应走苗期培育壮苗，生育期间健身防病，促熟、增产的新途径。所使用的农药、化肥、微生态制剂等必须安全，符合生产绿色食品、无公害食品要求。

一、当前存在的减产的原因

1. 过量施氮肥 大豆受低温干旱、除草剂药害等因素影响，植株矮小，人们习惯叶面施氮肥促进生长。大豆不喜欢化肥，特别是过量施氮肥。问题一是大豆根瘤菌变得懒惰不进行固氮，等于养猫给肉过多变成懒猫；二是氮肥过多抑制铜、钾、硼等元素的吸收，引起大豆贪青晚熟，秕粒多，而大减产。2002年水稻施氮肥过多的大面积不结实，严重的没有花粉而绝产。

2. 施肥方法不正确

（1）水田施肥问题。一是水田整地后或插秧后施磷、钾肥，肥料利用率低，水绵等藻类发生为害加重；二是钾肥基肥施一半，穗肥施一半。

（2）过早叶面喷磷酸二氢钾。叶面喷施磷酸二氢钾在作物生育后期。大豆应在豆荚鼓粒期、水稻应在灌浆期使用，是增产措施。在作物生育前期使用可造成减产。

3. 喷施人工合成的植物生长调节剂及含有这类物质的叶面肥 人工合成的植物生长调节剂是植物外源激素，与植物没有亲和性，使用技术极难控制，极易产生药害，抑制生长，现有生产水平条件下是减产措施。选用这类药剂促早熟、解药害会雪上加霜，其害无穷。

4. 水稻井灌不晒水 井灌水，温度过低，井灌不晒水田药害重，不发苗，会严重抑制水稻生长，低温年大减产。

5. 秸秆还田 近年来推广水稻秸秆高茬收割，搅浆整地，在水稻移栽后遇高温田间进行无氧发酵，造成硫化氢、氨气等有害气体重毒，抑制水稻生长。

6. 除草剂药害 低温、干旱，除草剂药效发挥不好，草荒严重，重复施药、过量施药，加重了药害。

二、农作物健身防病促熟增产措施

（一）适期播种

大豆、玉米、红小豆、芸豆、绿豆、南瓜、西瓜、甜菜、油菜等播种过早，水稻育苗、移栽过早，温度低，作物出苗时间长，出苗后幼苗生长发育缓慢，使用不安全的除草剂、杀菌剂、杀虫剂、人工合成的植物生长调节剂，均严重抑制作物生长发育。由此导致作物抗病能力弱，不耐病，易感病。播期过早是造成苗期病害的重要原因。水稻适宜移栽期在5月15～25日，所以专家提出5月15日至5月底，不插6月秧是有科学道理的。在一些地方5月6～8日就开始水稻移栽，导致稻苗弱多病，水稻病害大发生，依赖药剂防治失败。建议各地根据当地条件选择适宜播期，不要根据某年气温高的经验，盲目抢前抓早，提前播种。根据试验结果和调查，如大豆播期在5月中旬至下旬，红小豆、芸豆、绿豆、南瓜、西瓜在5月下旬。

（二）叶面施肥

现代农业，人们越来越重视平衡施肥，而叶面施肥是一种施肥方法，也是平衡施肥的一种途径。叶面施肥在施用微量元素肥料上有明显的优点。

1. 叶面施肥优点

（1）叶面施肥不受土壤因素的影响，肥料利用率高，其有效利用率是土壤施肥的6～20倍。由于肥料直接施在叶面上，避免了养分被土壤吸附固定、微生物降解等损失。

（2）叶面施肥可快速补充作物生育期间所需养分。

（3）叶面施肥可增强植物体内代谢功能，促进根系吸收养分。

（4）施肥量小，既经济，又有效。

（5）满足特殊性需肥。

（6）减少环境污染。

（7）叶面肥可与农药、微生态制剂混用，节省人力和物力。

在使用叶面肥之前要对土壤和作物叶片养分含量进行分析，在没有叶面测试手段的地方，至少应进行土壤分析，明确各种养分含量，及要达到某一预期产量指标、各养分所需数量。其中土壤应该补多少，叶面应该补多少，很重要的是根据以往的试验数据。

2. 叶面肥产品标准　首先，要有农业部注册登记证，注册各种养分有效成分含量，使用范围、时期、用量。

（1）制剂必须含有作物能直接利用的养分。

（2）制剂必须对作物安全，养分在载体中均匀分布。

（3）制剂必须有作物所需的各种养分。

（4）制剂必须含有展着剂和渗透剂。

（5）制剂必须含有黏着剂。

（6）制剂必须与常用农药、微生态制剂有亲和性，可混用。

(7) 制剂必须含有适量的微量元素。

3. 存在的问题 目前市售叶面肥日趋增多，其中不少伪劣产品，多在叶面肥里加复硝酚钠等人工合成的植物生长调节剂，用后立竿见影，叶变绿，造成作物徒长而减产，用这类叶面肥大豆植株高了，结荚部位提高了，荚稀，产量低；重者药害，抑制生长，大减产，甚至绝产。

4. 叶面肥的评价

(1) 每小区面积 20～50 米^2。

(2) 每处理 4～5 次重复。

(3) 至少三个剂量。如每亩用 200、500、1 000 克（毫升）喷洒 1、2、3 次，如随用量和次数增加产量递增即为好产品，增产不明显或减产说明微量元素可能过高，也可能大量元素不高或配比不合理，总的原则是叶面肥大量元素要高，微量元素要低，配比合理。

5. 施用方法 磷、钾肥一定要深施。科学研究证明，植物的根吸收氮、磷、钾的部位是根尖吸收磷肥，根的下半截吸收钾肥，根的任何部位均可吸收氮肥。根据这个原理，磷、钾肥一定要深施。

根据作物需肥规律，前期重点补氮，中、后期重点补磷，抓住作物营养临界期和营养最大效率期。施氮肥，尿素最安全，经济有效；磷、钾肥以磷酸二氢钾含量较高，对作物安全，具有促熟、抗病、增产作用。米醋可调节作物体内养分平衡，提高作物体内磷、钾的比例，增加氮素含量，有促熟、增加对农药和其他肥料吸收作用。注意磷酸二氢钾选含磷 50%、钾 33%的，使用时期在大豆、油菜、芸豆、红小豆、绿豆、豌豆鼓粒期，玉米、水稻、谷子、高粱、小麦、燕麦、黑麦、大麦灌浆期，块根类如甜菜、马铃薯、萝卜、胡萝卜等块根膨大期。早期，特别是花期使用为减产措施。

施肥新的思维人们常讲木桶效应，缺某种元素如木桶缺一块板装不满水，如要装两桶水，甚至三桶水，就不能局限在补一块板，而要补一个甚至两个桶，要想使产量翻一番，需按作物需肥量的比例，把大量元素和微量元素一齐补。

三、科学使用农药

(一) 除草剂的选择

黑龙江省早春低温，特别是三江平原低洼易涝地，作物种苗期杂草危害严重，除草剂选择首先应考虑安全性。作物一旦发生药害，抗逆能力降低，病害加重，影响作物产量和品质。其次应根据当地耕作、轮作特点和杂草发生特点合理选择除草剂配方，不可以随意增加用药量，以免造成当茬和后茬敏感作物药害。

(二) 杀虫剂、杀菌剂的选择

杀虫剂、杀菌剂也存在使用安全性问题。小麦根腐病用粉锈宁拌种，用量大了会抑制小麦芽鞘生长，使小麦失去拱土能力而不出苗。苗床消毒用敌克松对水稻、甜菜安全性差。出苗 2 天，水稻有畸形芽，育出的苗较弱，分蘖少而减产；甜菜药害严重的会出现死苗。大豆根腐病防治，低含量、配比不合理的多·克·福种衣剂以及 8%、17%甲·多对大豆不安全。甲胺磷、甲拌磷、乐果等拌种均不安全。水稻种衣剂市场较混乱，质量参差不齐，有的混配不合理，在当地推广前应做种衣剂安全性和药效试验，以免造成大面积药害或无效事件。所以种衣剂或拌种剂的选择应根据当地病虫发生情况或预测预报，有植保部门的试验示范，再合理选用。

(三) 植物生长调节剂和的应用

人工合成的植物调节剂为外源激素，使用条件严格，受使用时期、用量（浓度）、环境等条件因素限制，生产上一般在特定条件下使用。如育种杀雄、催枯干燥、收获后催熟等。大田使用技术不成熟，极易产生药害。应选用植物内源激素，对作物及环境安全，可平衡作物营养，诱导抗逆性，预防、接触肥害、药害，改善农产品品质，增产、增收。

（四）功能型植物营养剂的应用

目前在农业生产上应用的功能型植物营养剂有甲壳素、碧护、益护、海藻酸类、酵素等，可起到平衡植物营养，激发植物潜能，诱导抗逆性（抗病、抗虫、抗盐碱、抗寒、抗旱）、缓解药害、肥害，促进植物生长发育等功能。

第十五章 作物营养与病害控制

为进一步发展高效、绿色农业，在总结国内外植保前沿理论的基础上，黑龙江垦区研究、推广功能性植物营养剂与病害控制理论与技术，从植物营养角度，探索新的病害防治途径。

第一节 植物病害防治新理念

一、平衡施肥，健身防病

平衡施肥是作物健身和预防病害的基础，不合理的施肥可以导致营养不平衡，植物细胞发生病变，功能减退，植物表现不耐病、不抗病，易感病。通过土壤化验，了解土壤中所有营养元素的含量、利用率，根据化验结果进行施肥，既能有效地预防作物病害，又能提高作物产量。

二、应用功能性植物营养剂诱导作物抗性

利用功能性植物营养剂改土、造土，平衡营养，增加作物免疫功能，诱导植物抗逆功能，提高适应环境能力，控制农业有害生物的发生为害及减灾抗灾。

第二节 功能性植物营养剂与病害控制

使用功能性植物营养剂可增加土壤有益护生物的活力，均衡植物

营养，调节植物生理功能，诱导植物抗逆性（抗病、抗虫、抗旱、抗寒、抗盐碱），促根，壮苗，加速土壤有机物、矿物质营养及农药分解，使作物高产、优质，改善品质。

它们一般含有植物内源激素（化感物质，也称植物次生代谢产物）、植物营养剂。如矿物质、氨基酸、酶类（如异黄酮、超氧化歧化酶、过氧化物酶等）。能调整土壤功能的功能性植物营养剂有单细胞藻类、甲壳素、碧护（Vitacat）、生物肥等。

一、甲壳素

甲壳素（Chitin）亦称甲壳质、几丁质，是N-乙酰-D-葡萄糖胺的聚糖，其N-乙酰度在50%以下。壳聚糖（chitosan、CTS）是甲壳素的N-脱乙酰基的产物，N-乙酰基脱去55%以上的就可称之为壳聚糖，能溶于1%乙酸或1%盐酸，化学名称为多聚乙酰氨基葡萄糖。在真菌细胞壁中甲壳素与其他多糖相连，在动物体内与蛋白质结合成蛋白聚糖。

近年来研究表明，甲壳素用于农业生产，可诱导植物合成甲壳素酶、壳聚糖酶、葡聚糖酶、植物保护素、木质素、苯丙氨酸解氨酶（PAL）、过氧化物酶（POD）、多酚氧化酶（PPO）、异黄酮、甲壳素酶、β-1，3-葡聚糖酶等。病原菌入侵植物时其细胞壁中甲壳素被植物本身有辨认系统识别，使病原真菌细胞壁松弛，细胞解体。

甲壳素对细胞壁是由甲壳素构成的真菌病害有控制为害效果。农作物、蔬菜、果树等病害的细胞壁大多数是由甲壳素结构，常见种类如下：

大豆：菌核病、灰斑病、褐斑病、轮纹病、链格孢黑斑病、荚枯病、纹枯病、赤霉病、枯萎病、锈病、叶斑病、茎黑点病、褐纹病、根腐病（镰刀菌、丝核菌）。

小麦：赤霉病、白粉病、锈病、根腐病。

大麦：纹枯病、黑粉病。

水稻：稻瘟病、纹枯病、恶苗病、立枯病、胡麻叶斑病、秆腐菌核病、叶鞘腐败病。

油菜：菌核病、立枯病、炭疽病。

甜菜：褐斑病、立枯病、蛇眼病、叶斑病、白粉病、根腐病（镰刀菌、丝核菌）。

烟草：枯萎病、炭疽病、菌核病、立枯病、白绢病、白粉病、赤星病、黑斑病、蛙眼病、根黑腐病。

亚麻：立枯病、假黑斑病、叶斑病、炭疽病、白粉病、锈病、枯萎病。

棉花：立枯病、炭疽病、苗红腐病、枯萎病、黑根腐病、黄萎病、棉铃黑果病、棉铃灰雪病、棉铃曲霉病、白霉病、褐斑病、叶烧病、茎枯病。

花生：炭疽病、白绢病、焦斑病、疮痂病。

向日葵：菌核病、褐斑病、黑斑病、锈病、黄萎病、灰霉病、白粉病。

马铃薯：早疫病、枯萎病。

芸豆（菜豆）：褐斑病、白粉病、炭腐病、黑斑病、炭疽病、褐纹病、锈病。

西瓜：镰菌根腐病、丝核菌立枯病、斑点病、叶枯病、黑斑病、白粉病、菌核病、褐腐病。

黄瓜：白粉病、枯萎病、红粉病、叶点霉叶斑病。

番茄：褐色根腐病、黑点根腐病、酸腐病、红粉病、斑点病、煤污病、白粉病、青霉果腐病、黑刺盘孢炭疽病。

茄子：褐斑病、果腐病、黄萎病、白绢病、赤星病、斑枯病、褐轮纹病、煤斑病、红腐病、黑点根腐病等。

甜椒、辣椒：苗期灰霉病、根腐病、白斑病、斑枯病、污霉病、黄萎病、白绢病等。

甲壳素对细胞壁是纤维素结构的真菌病害控制效果差。这类真菌病害是卵菌纲的真菌病害。如瓜果腐霉，马铃薯、番茄晚疫病、十字花科霜霉病、白锈病等。

甲壳素（禾生素、禾甲安）与碧护、益护、海藻酸混用有增效作用，重复使用有增效积累作用，可有效控制上述病害。

甲壳素使用方法：

使用时期：采用拌种、浸种、灌根、喷雾方法，尽量早用。控制线虫灌根效果最好，其次是拌种、浸种，喷雾。多次使用有积累效果。

用量：灌根4%禾生素（禾甲安）用1 000～2 000倍液，与碧护混用，碧护用20 000～30 000倍液。喷雾病害控制用有效成分1克/亩以上，4%禾生素（禾甲安）用750毫升/公顷。防治难治病害如大豆褐秆病，马铃薯、番茄晚疫病，南瓜疫病、瓜类枯萎病、棉花枯萎病等，推荐4%禾生素（禾甲安）750毫升/公顷＋碧护45克＋益护750毫升混用，苗后早期、开花前喷雾。防治病害除豆科外用4%禾生素（禾甲安）450～750毫升/公顷＋13%稼得康（好润）450～750毫升混用，见效快，效果好，即有速效又效。

二、碧护（ComCat）

碧护能平衡植物营养，激发植物潜能，诱导抗逆性（抗病、抗虫、抗盐碱、抗寒、抗旱）、缓解药害、肥害，促根，壮苗，解决缺素症引起的生理病害（如黄叶、烂根、裂果等）。

碧护诱导植物产生过氧化物酶、PR-蛋白、甲壳素酶、蛋白酶、β-1,3葡聚糖酶等。这些物质是植物应对外界生物或非生物因子侵入的应激产物，产生愈伤组织，使植物恢复正常生长。对霜霉病、疫病、病毒病具有良好的控制效果。

碧护与甲壳素、益护、海藻酸类等混用有增效作用。碧护与甲壳素如禾生素（禾甲安）混用，对细胞壁含β-1,3葡聚糖、甲壳素的大豆褐秆病、马铃薯晚疫病、番茄晚疫病、南瓜疫病、瓜类枯萎病、棉花枯萎病、线虫病等难治病害有良好的诱抗作用。碧护与海藻酸类如稼得康（好润）混用，对防治棉花黄枯萎病有增效作用。

碧护使用方法：碧护使用方法有浸种、拌种、灌根、涂抹、喷雾。

使用时期：早用比晚用效果好。作物、蔬菜苗后早期、开花前使用效果好，果树在花前、坐果后、果实收获后，如控制徒长稍需再用一遍。

碧护用量：浸种、涂抹、拌种 5 000 倍液，灌根用 20 000～30 000倍液，喷雾大田、矮秆蔬菜 45～75 克/公顷，果树 90～135 克/公顷（或 5 000～10 000 倍液）。多次使用有积累效果，果树连续用两年控制病害效果更加明显。难治病害如大豆褐秆病、马铃薯、番茄晚疫病、南瓜疫病、瓜类枯萎病、棉花枯萎病等，方法同甲壳素。

三、益护

益护（枯草芽孢杆菌）是来自植物体内的功能性植物营养剂，亦称微生态制剂，可在植物体内定植、增殖，拌种、蘸根后 30 天、茎叶喷雾后 15 天成为植物体内优势菌群，占植物体内微生物总量 40％左右。益护作用机理：

（1）益护代谢产物中含有一定量的植物内源生长调节剂，如赤霉素、玉米素、吲哚乙酸等。代谢产物中，还含有维生素 B1、B2、B4、B 12、叶酸、尼克酸、淀粉酶、蛋白酶、乙醇脱氢酶、过氧化物酶等酶类。因此，益护能使作物生长健壮，促熟，增产，增加 SOD 酶活性，消除氧化剂对植物细胞组织的破坏，使作物具有抗衰老、抗干旱、抗盐碱、抗强光、抗干热风等作用。

（2）益护使植物体内源激素、酶含量显著提高，活性增强，光合能力增强，促进矿物质营养元素吸收。

（3）使有益护生物枯草芽孢杆菌成为优势种群，减少和抑制有害菌群侵染、定植和为害。

（4）通过在植物体内定植和大量繁殖，有限占领而排斥病菌侵染，产生抑菌物质等具有防病作用。

益护进行拌种或茎叶喷雾，对多种作物增加抗病能力，抗干旱、抗盐碱、抗寒、缓解药害、肥害，增产、增糖，改善产品品质等功能。益护对大豆根腐病、菌核病、灰斑病，水稻立枯病、稻瘟病、鞘腐病、纹枯病，玉米黑穗病，甜菜立枯病、根腐病、菜褐斑病，马铃薯疫病，向日葵菌核病，芸豆锈病、灰霉病、褐斑病、炭疽病、菌核病等均增加抗病能力，减轻为害作用。益护拌种用种子重量的0.1%，浸种用400～500倍液，喷雾用20～50毫升/亩。使用时期早用比晚用效果好，防病要用2～3次。与碧护、甲壳素等混用有增效作用。防治难治病害参看甲壳素部分。

四、海藻酸类

海藻酸主要含有碳水化合物、含氮化合物、色素类、脂类、萜类、酚类、维生素（如胡萝卜素、维生素A、B1、B2、B3、B12、PP、H、C、D、E、K等）和无机元素（含铁、钙、碘高）等八大类。海藻酸通过补充、平衡植物营养，激活作物的自卫、免疫本能，海藻蛋白与海藻酸组成的成膜物质，在保护作物不被病原菌侵害方面起到很重要的作用。海藻酸制剂13%稼得康（好润）30～50毫升/亩，对多种作物如水稻、瓜类、甜菜、烟草、人参、马铃薯、玉米等因细菌、真菌、病毒而引起的各种病害，如麦赤霉病、麦白粉病、麦锈病、麦纹枯病、稻白叶枯病、稻曲病、稻恶苗病、稻条纹叶枯病、稻纹枯病、稻瘟病等有良好的控制作用。海藻酸＋禾生素（禾甲安）1∶1混用，见效快，有效期长，广谱控制病害，增产明显，品质好。好润（稼得康）＋碧护混用有增效作用，特别是对棉花枯萎病效果好。

五、酵素

日本称酵素菌，亦称酶。由细菌、放线菌、酵母菌等三大类，20多种有益护生物组成的群体，将酵素菌与植物秸秆、稻壳、木屑等混合加水进行有氧发酵，大量有益护生物产生几十种不同类型的酶，可在短时间内分解有机物，能生成化学肥料所得不到的有益成分，对有机物进行糖化分解和氨基酸分解。其分解作用生成的葡萄糖、酒精、氨基酸等是有益护生物最好的培养基，能促进有机肥中放线菌急剧增殖。酵素菌有氧发酵使有机物中的淀粉、糖分、蛋白质、脂肪、纤维素分解成醋酸、二氧化碳、水等有益物质、放线菌含量达1亿～10亿个，pH为中性。

酵素发酵有机肥还有大量放线菌，每亩施用3～5吨，对改良土壤生态系统发挥重大作用，土传病害得到彻底防治。将酵素菌＋化肥、山土、风化石等补充土壤矿物质营养，增加抗病能力。用酵素菌与米醋混合喷洒，主要控制植物生育期的病害。综合措施可平衡植物营养，增加免疫功能，促进生长，有效防治病害，提高产量，改善品质。

六、植物免疫蛋白

真菌源植物免疫增产蛋白是从真菌中分离提取的农作物抗病增产真菌源蛋白。植物免疫蛋白通过与植物表面受体的互作和植物的信号传导，诱导和激活植物自身防卫免疫系统和生长系统，从而对病虫害产生抗性，促进植物生长，提高作物产量。可用于植物的拌种、浸种、浇根和叶面喷施。它对病虫害的防治效果为40%～80%，提高作物产量10%～20%。该产品无毒，无残留，是农业健康生产技术体系中一种新型环保产品。我国已推荐在番茄、辣椒、烟草和油菜上使用，防治灰霉等真菌病害和黄单胞和假单胞等细菌病害；对真菌病害如黑胫病和疫病有诱导抗性作用；对植物病毒病和葡萄黑痘病等有明显的诱抗和治疗作用，对烟草花叶病毒病和黄瓜花叶病毒病的防效可达70%。

七、烯丙噻唑（pronenazole、烯丙异噻唑）

烯丙噻唑以植物生长调节剂注册，施入土壤，通过农作物、蔬菜根吸收传导，在植物体内能释放出有杀菌作用的活性氧，生成抗菌物质；与抗病性有关的酶活性提高，如水稻生成4种抗病酶；细胞壁木质素含量增加等，广谱抗真菌、细菌等病害。水稻可有效控制稻瘟病、鞘腐病、纹枯病、白叶枯、细菌性褐斑病等；黄瓜控制黄瓜细菌性白斑病；白菜控制软腐病；卷心菜控制黑腐病；莴苣控制腐败病、细菌性斑点病等。烯丙噻唑用量为有效成分 120 克/亩。

八、硅酸

硅酸在植物的细胞中，沉积在细胞膜的里侧，形成硅酸膜，具有强化细胞的作用，可防止从外部来的病菌和它的繁殖，该细胞称之为硅化细胞组织。硅是水稻必须的营养元素，也是增加抗病元素。据日本资料报道，凡是高产水稻植株，硅酸含量 20%以上，约是普通产量的 2 倍，10%以下则容易得病，即发病率高，在 15%以上几乎不得病（也能预防倒伏）。植物所吸收的硅酸必须是溶解于水的水溶性硅酸溶液。

九、难治病害诱导抗病新技术

难治病害建议选用功能性植物营养剂，诱导抗病，建议试验示范：

1. 防治大豆根腐病（镰孢菌、丝核菌、腐霉菌、褐秆病菌）、线虫

（1）拌种。100 千克种子用碧护 5 克＋益护 150 毫升＋种衣剂混合拌种。

（2）大豆 2～3 复叶期、4～5 片复叶期 2 次施药。碧护 45 克/公顷＋益护 450 毫升＋禾生素（禾甲安）750 毫升，喷雾。

2. 防治马铃薯晚疫病、早疫病

（1）碧护 5 000 倍液＋益护 50 倍液＋禾生素（禾甲安）500 倍液拌种。

（2）马铃薯苗后株高 5 厘米。碧护 3 克/亩＋益护 50 毫升＋禾生素（禾甲安）50 毫升，喷雾。

（3）马铃薯第一次施药后 15～20 天，碧护 3 克/亩＋益护 50 毫

升＋禾生素（禾甲安）50毫升，喷雾。

3. 西瓜枯萎病、蔓割病等

（1）碧护5 000倍液＋益护500倍液＋禾生素（禾甲安）500倍液，浸种。

（2）西瓜4～6叶期。碧护45克/公顷＋益护450毫升＋禾生素（禾甲安）750毫升，喷雾。

（3）西瓜坐瓜后。碧护45克/公顷＋益护450毫升＋禾生素（禾甲安）750毫升，喷雾。

4. 防治番茄晚疫病，兼治其他病害

（1）碧护5 000倍液＋益护500倍液＋禾生素（禾甲安）500倍液，浸种，或苗床喷雾。

（2）番茄苗后株高5厘米。碧护45克/公顷＋益护450毫升＋禾生素（禾甲安）750毫升，喷雾。

（3）番茄第一次施药后15～20天。碧护45克/公顷＋益护450毫升＋禾生素（禾甲安）750毫升，喷雾。

5. 水稻病害

（1）浸种。碧护用5 000倍液。如水稻每100千克种子加碧护20克加25%咪鲜胺（施保克、使百克）乳油25毫升加100～120升水，浸种5～7天，平均水温11～12℃。

（2）水稻。苗床移栽前5～7天，每100米^{2}用碧护1克，喷雾。

（3）水稻分蘖至拔节期。碧护30克/公顷＋禾生素450克＋益护300毫升，喷雾。

（4）水稻孕穗期。禾生素750毫升/公顷＋碧护30克＋益护300毫升，喷雾。

第三节　平衡施肥

根据中国农业生产现状，首先应该普及平衡施肥。平衡施肥应考虑作物养分的平衡，土壤自身的平衡，施肥与环境的平衡。

作物所必需的16种养分元素之间有个平衡制约关系。某种养分元素过量使用，会影响其他养分元素的吸收。如氮多，抑制作物对钾、硼、镁的吸收；磷多，抑制作物对锌、铜、钾、铁的吸收；钾多，抑制作物对硼、镁的吸收；铜多，抑制作物对铁、锰的吸收；锌多，抑制对铁的吸收；锰多，抑制植物对铁、钼的吸收；镁多，抑制作物对磷、钾、钙的吸收；钙多，抑制作物对镁、锌、硼、钾、锰、铁的吸收。

垦区生产施肥重视氮、磷肥，轻视钾，造成作物硼、锌、钾、铜、铁等元素的缺乏，结果病害加重，产量降低，品质变坏。传统的缺啥补啥，不缺不补的施肥方法是错误的。

一、专用肥

正确的方法是根据土壤化验资料，种植作物及以往的试验结果或经验，设计施肥量。根据试验，购买尿素、磷酸二铵、硫酸钾（或氯化钾）配制本地各种作物，各地号的混合肥料，这才是真正的专用肥。

二、叶面施肥

作物不仅可以通过根系吸收养分，还可以通过地上部的茎、叶、花、果实吸收养分。叶面施肥是提高农作物产量和产品质量的有效途径，是平衡施肥法的重要手段。叶面施肥最佳时期有两个：一是作物营养临界期，作物种子营养消耗完，从土壤中吸收养分的初期，作物进行快速营养生长，需要大量养分，一般禾本科作物，如小麦分蘖期和幼穗分化期，水稻分蘖期，施氮肥为主，尿素最经济有效。二是作物最大效率期，如小麦、水稻拔节期；玉米大喇叭口到抽穗期；甜菜块根膨大期；大豆、芸豆、红小豆、油菜结荚后鼓粒期等。

三、微生物肥料

微生物肥料简称生物肥，是指一类含有微生物的特定制剂，应用于农业生产中，能够获得稳定的肥料效应。其中，所含微生物的生命活动增加了植物营养元素的供应，导致植物营养状况的改善，进而增加产量，改善品质，代表品种是菌肥；另一类是广义的微生物肥料，其制品虽然也是通过其中所含微生物活动作用，而使作物增产，同时，微生物所产生的次生代谢产物，如植物调节剂，对植物有促进生长，对营养元素的吸收利用，或能够抵抗某些病原微生物的致病作用，或减轻病虫为害而使作物增产，或减轻农药化肥为害而使作物恢复正常生长。但微生物肥料不能增加农业循环中养分的总量，因此，微生物肥料不能完全代替有机肥、化肥等肥料。

目前生产上使用的有钾细菌、磷细菌、固氮菌等。

1. **磷细菌**　磷细菌是分解含磷化合物和促进磷素的有效化作用的微生物的总称，主要有枯草芽孢杆菌（*Bacillus cereus*）蕈状芽孢杆菌（*B. mycoides*），多粘芽孢菌（*B. poiymyxa*）及巨大芽孢杆菌（*B. megaterium*）等，其中以巨大芽孢杆菌作用最强。目前我国已将筛选，驯化，诱变的巨大芽孢杆菌大量培养后用于生产，商品亦称活化磷，施入土壤能分解有机磷化合物为作物吸收利用的磷酸盐，能溶解无机磷化合物为作物吸收利用的磷酸盐；其代谢产物中有植物生长调节剂，如吲哚类可促进作物生长发育。

2. **钾细菌**　钾细菌亦称硅酸盐细菌（*Bacillus mucilaginosus*），经人工筛选、驯化、诱变，大量培养制成钾细菌肥料叫生物钾。施入土中具有以下功能：①能分解硅酸盐（云石、云母）等及磷灰石释放出钾和磷，增加土壤中有效钾、磷的含量；②能将土壤中难溶于水的钾转化为植物吸收利用的有效钾；③提高施入土壤中钾肥的利用率；④代谢产物中含有植物调节剂，如赤霉素、吲哚乙酸等，能促进作物生长，表现出壮苗发苗好，早熟、增产；⑤保护作物根系增强抗病能力；⑥抗倒伏。

3. **菌肥料**　各类固氮菌肥料中，效果稳定的是根瘤菌肥料，高效菌株的选育、优质菌肥的生产和合理的使用技术是根瘤菌生产，使用的三个关键环节，在我国大豆使用根瘤菌还存在一些问题：一是施化肥后影响大豆根瘤菌的活性，等于花钱养懒猫，生产上化肥与大豆种子混播，用量有加大趋势。二是根瘤菌有专一性，甚至和大豆品种有关。三是大豆种衣剂抑制根瘤菌活性，生产上为防治大豆病虫害拌种衣剂已成为常规措施。

微生物肥是土壤生态制剂，是从土壤中经过筛选、经大量培养后施入土壤，施用量要大，在土壤中要造成群体优势，拌种、蘸根接种量太小，做成颗粒与种子混播是科学的。将钾细菌、磷细菌等多种有益菌混合比单用生物钾、生物磷肥效好，亦是目前发展趋势，如圣丹、丰业生物肥等。

选择生物肥应注意选含菌量高的产品。

四、磷酸二氢钾

磷酸二氢钾常在作物生长中、后期叶面喷洒，快速补充作物所急需的磷、钾肥，具有明显的增加作物粒重、改善品质、增加产量、促进早熟、增加抗病能力，小麦还具有抗干热风作用。特别是在北方，喷洒磷酸二氢钾促早熟增产意义重大，喷洒一遍可增产10%以上，喷洒二遍增产20%～25%，早霜年份更加明显。

使用磷酸二氢钾的时期及与农药混用的范围：

(1) 大豆应用磷酸二氢钾的最佳时期是大豆鼓粒期。大豆幼苗期、花期使用磷酸二氢钾均不合适。特别是在大豆花期使用磷酸二氢钾，会对大豆花和荚有伤害，造成落花、落荚，使用过早是减产措施。

(2) 水稻孕穗期到灌浆期均可用磷酸二氢钾。

(3) 玉米大喇叭口到抽雄期。

(4) 小麦孕穗期到抽穗期、扬花期到灌浆期喷施磷酸二氢钾。

(5) 可加酿造醋 1.5 升/公顷，可与杀菌剂（多菌灵、福美双、氧环宁、甲基托布津等）、杀虫剂（功夫、敌杀死、氯氰菊酯、来福灵、乐斯本等）、内源植物生长调节剂（碧护、益护等）混用。

五、施肥方法

据研究植物的地下根部吸收氮、磷、钾的部位有差异。氮肥可被植物整个根部吸收，磷肥仅被植物根尖吸收，钾肥可被植物根的下半部吸收。磷、钾肥深施才能有效地发挥肥效。水稻田氮肥可做基肥，又可做追肥施用。水稻当前存在问题是钾肥分两次施，基肥施一半。穗肥施一半。有的图省力而将磷、钾肥在水稻插秧后撒施。磷肥表施既无肥效，又易生长水绵等藻类杂草。

尿素、磷酸二氢钾及氮、磷、钾、钙、镁、硫、锌、铁、锰、硼、铜、钼等植物营养元素可进行叶面施肥。

第十六章 植物生长调节剂的科学使用方法

植物生长调节剂是指所有用来调节植物生命过程的内源植物生长物质和外源药剂。这些物质能影响植物的大小、形态特征、开花、结果和产量，调控植物体的干燥、落叶，并杀灭农田杂草。人们习惯上称这类物质为植物激素。植物体内产生的叫内源激素，新提法叫植物化感物质；人工合成的称为外源激素。

人们在模拟内源激素的研究中，先后合成了数以千计的促进或抑制植物生育的化合物，并利用这些化合物为农业生产服务，得到了广泛应用。随着生产发展和应用，人工合成的植物生长调节剂问题不断出现，表现在药害、影响产量和农产品品质，污染环境。因此，人们提出生产绿色、有机食品禁止使用人工合成的植物生长调节剂。

未来植物生长调节剂的发展要以人和农作物为本，有益于人和农作物健康，用于生产绿色、有机和功能性食品。重点开发植物内源激素和含有这类物质的功能性的植物营养剂。

已发现的植物体内的植物激素可分为促进型和抑制型两类。促进型包括生长素（auxin）、赤霉素（gibberellins）、细胞分裂素（cytokinins）、芸薹素内酯（brassinolide）等四大类；抑制型包括脱落酸（abscisic acid）和乙烯等两大类。

第一节　植物生长调节剂的生理作用

六大类植物激素对植物的生长、分化、发育等生理过程都起着重要的调节作用。促进型内源激素主要起促进生长作用，抑制型内源激素正好相反，主要是起抑制生长、促进衰老的作用。植物从种子发芽、生根、生长、开花、结果直至种子或芽进入休眠状态，无不受植物体内内源激素的控制和调节，并且一种内源激素生理作用是多种多样的。生长素有促进植物果实生长、花芽形成（如菠萝）、单性结实（某些植物）、果实生长、顶端优势、插条生根、细胞分裂、细胞伸长、细胞扩大、细胞膜透性、呼吸、RNA 合成，增加 RNA 聚合酶活性。高浓度对纤维素酶、磷酸—吡哆醛酶有抑制作用；低浓度则有促进作用，抑制果实脱落、衰老等作用过程。赤霉素有促进种子发芽，树木、块茎发芽、花芽形成（某些长日照植物及某些植物单性结实）、果实生长、顶端优势、细胞分裂、细胞伸长、细胞膜透性、呼吸、RNA 和 DNA 合成；增加 RNA 聚合酶活性、DNA 聚合酶活性；抑制果实脱落、衰老、插条生根、吲哚乙酸氧化酶、过氧化物酶、细胞分裂素等作用。细胞分裂素有促进种子发芽，树木、块茎发芽，某些长日照植物花芽形成。

第二节　植物生长调节剂的相互作用

植物生育各阶段是几种内源激素共同调节作用的结果。如由发芽种子形成的幼苗，其生长受到生长素、赤霉素、细胞分裂素的共同调节；无光合能力胚的生长发育是靠它自身的赤霉素、生长素和细胞分裂素来促进其细胞分裂、伸长、扩大而实现的；木质部、韧皮部的分化及形成是受生长素、赤霉素和细胞分裂素调节的。如生长素与赤霉素的比值高时，有利于木质部的分化，比值低则是促进韧皮部的分化；花粉管伸进胚珠是受精的必要条件，花粉管的伸长是受生长素、赤霉素一起调节的；子房的细胞分裂与扩大可以发育成为果实，用赤霉素、生长素处理可诱导单性结实，即使不经过受精，也能引起果实的生长。赤霉素可提高内源生长素的含量，生长素则直接促进子房的生长。在愈伤组织分化中，需要两种内源激素互相配合。愈伤组织茎叶和根的分化取决于生长素和细胞分裂素之间量的多少。当生长素与细胞分裂素的比值高时，愈伤组织先分化形成根，反之则先分化形成芽。种子和芽的休眠状态是促进型内源激素与抑制型内源激素互相作用的结果。当脱落酸含量多时，则种子或芽处于休眠状态，一旦赤霉素含量明显增加，脱落酸含量急剧下降，则种子或芽的休眠解除，进入正常的生长发育阶段。叶和果实的脱落是生长素与乙烯等互相作用的结果。乙烯诱导离层形成，从而促进叶和果实的脱落。生长素、赤霉素与乙烯的生理作用相反，可抑制叶和果实脱落。

在六大类内源激素中，不仅同一类型植物激素之间有密切关系，而且在不同类型的内源激素之间也有十分密切而又十分复杂的相生相克，才能使它们能够完成调节和控制植物生长发育的各个生理过程。各类内源激素之间有如下生理关系。

（1）高浓度生长素诱导增加内源乙烯的生成。

（2）乙烯抑制内源生长素的含量。乙烯促进生长素分解酶（吲哚乙酸氧化酶）的活性，致使内源生长素的含量降低。

（3）赤霉素对生长素的分解系统的酶（如吲哚乙酸氧化酶）有抑制作用，并对生长素的生物合成也可能有促进作用。因此，赤霉素促进内源生长素含量的增加。

（4）脱落酸抑制内源激素赤霉素的生物合成。

（5）细胞分裂素有促进乙烯的生物合成，有助于内源乙烯的生成。细胞分裂素对过氧化物酶的生物活性有促进作用。该酶也可分解生长素，因此，又有减少内源生长素的作用。细胞分裂素对 a -淀粉酶有促进作用，即为脱落酸抑制的 a -淀粉酶的活性不能为赤霉素恢复，但却可以被细胞分裂素恢复。在对细胞生长、分化上，它有助于提高生长素的生物活性。

第三节　植物内源激素与外源激素

一、植物内源激素

植物内源激素来自植物，还应该包括真菌、细菌、病毒产生的化合物影响农业和自然生态系统中的一切生物生长与发育的作用的物质，有些尚未被人们发现。植物内源激素与植物有亲和性，在植物体内是动态平衡关系，对植物安全性好。

植物内源激素制剂有碧护、益护、生物制剂等。

（一）植物微生态制剂

早在20世纪80年代，北京农大陈延熙教授创造了植物微生态学说和制剂——益微（蜡质芽孢杆菌、*Bacillus cereus*）。在植物体内细胞以外生活着的大量的微生物，它们对植物的作用可分为三大类：第一类是对植物生长发育有促进作用的微生物，称为增产菌，简称“益微”，大约占群体的15%；第二类是对植物生长发育有害的，称为减产菌，大约占群体的15%；第三类是对植物生长发育不好也不坏，大约占群体的70%，如小麦叶上生存者大量链孢菌、枝链孢菌等在小麦成熟前的一周左右，遇干热风，它们大量消耗养分，使小麦迅速脱水减产。

益微是根据农业微生态学理论而研制的微生态制剂。益微是从植物体内分离出来的芽孢杆菌，用于农作物拌种，可在植物体内定植、繁殖，其代谢产物有一定量的赤霉素、玉米素、吲哚乙酸、维生素B1、B2、B6、B12、叶酸、尼克酸、淀粉酶、蛋白酶、乙醇酸脱氢酶、过氧化物酶、超氧物歧化酶等。其中植物调节剂为具有化感作用的植物内源激素，自身能调节，无论拌种和喷雾，均表现对作物有好的安全性，无副作用。益微本身通过占领、分泌抑菌物质具有防病作用，拌种和喷雾均有健身、抗病、抗逆、抗寒、抗旱、促熟增产作用。黑龙江垦区历经20多年试验示范和使用，益微具有健身防病、促熟增产、改善品质、缓解多种作物、蔬菜药害、肥害等作用，成为农作物健身防病、促熟、增产的重要措施之一。

益微拌种在植物体内 1 个月，喷雾半个月可达到群体的 40%，成为优势菌群，这种优势大约持续一个月，所以益微对作物安全，重复使用可保持植物体内菌群优势，效果好。

(二) 碧护 (Vitacat)

碧护是依据植物化感和生态生化学原理，由植物种子加工而成(这种加工没有化学过程)，因此结构复杂，功能齐全。主要成分：①天然激素（赤霉素、表油菜素内酯、吲哚类、脱落酸、茉莉酮酸等 8 种天然植物激素成分)；②植物催化平衡成分类磺酮类物质 11 种；③20 种氨基酸类及抗逆诱导剂等；④10 种中微量元素。

碧护含植物内源激素是复合而平衡的。如赤霉素含有 GA3、7、22 等多种，是天然的，不是人造的。因此具有多方面的功能和安全性。平衡复合的内源激素与植物矿物质、氨基酸、黄酮类等物质共同作用，功能齐全，用于农作物、果树、蔬菜等均表现出具有良好的抗逆性，可抗干旱、低温冷害、低温寡照、盐碱、缓解药害和肥害，诱导抗病、抗虫、抗病毒等。碧护不是传统农药，可以取替其他具有这一应用效果农药，如人工合成的植物生长调节剂。碧护灌根能使有益微生物菌群数量增加，有造土壮根功能，平衡植物营养，促进根系发育，给植物一个强大的根系。碧护可解决作物、果树、蔬菜等缺微量元素引起的黄叶、烂根、裂果问题。碧护增加产量和改善品质，可用于生产绿色、有机食品、功能性食品生产。

碧护已获得欧盟、美国、日本等国有机食品认证，是中国唯一登记在有机食品药剂。碧护在国内外广泛应用于大田、经济作物、果树、蔬菜、蘑菇、海藻、高尔夫球场、园林花卉等。使用方法有灌根、浸种、蘸根、茎叶喷雾。

碧护与人工合成的植物生长调节剂区别：

碧护是来自天然物质，与植物有亲和性，功能齐全，诱导抗虫、抗病、抗逆，对作物安全，高产优质、耐储存，可用于生产绿色、有机食品生产。

人工合成的植物生长调节剂有内源激素的功能，与作物没有亲和性，功能单一，靶标集中，用药安全幅度极窄，自身不能调节，极易产生药害。农作物易感病，污染环境，产品品质差、食味口感差，不耐储存，禁止用于绿色、有机食品生产。

（三）土壤调理剂类

1. **磷细菌**　磷细菌是分解含磷化合物和促进磷素的有效化作用的微生物的总称。主要有蜡质芽孢杆菌、蕈状芽孢杆菌，多黏芽孢菌及巨大芽孢杆菌等。其中以巨大芽孢杆菌作用最强。目前我国已将筛选、驯化、诱变的巨大芽孢杆菌大量培养后用于生产，商品亦称活化磷。它施入土壤能分解有机磷化合物为作物吸收利用的磷酸盐，能溶解无机磷化合物为作物吸收利用的磷酸盐。其代谢产物中有生物化感物质（内源激素），如吲哚类可促进作物生长发育。在酸性土壤，磷元素利用率低的环境条件下效果好。

2. **生物钾肥**　钾细菌亦称硅酸盐细菌，经人工筛选、驯化、诱变，大量培养制成钾细菌肥料叫生物钾。它施入土中能分解硅酸盐及磷灰石释放出钾和磷，增加土壤中有效钾、磷的含量；能将土壤中难溶于水的钾转化为植物吸收利用的有效钾；提高施入土壤中钾肥的利用率；代谢产物中含有生物化感物质（内源激素），如赤霉素、吲哚乙酸等，能促进作物生长，表现出壮苗、发苗好，早熟、增产；保护作物根系增强抗病能力；抗倒伏。用于酸性土壤效果好。缓解水田药害明显。用微生物复合肥，如丰业生物肥、圣丹生物肥（磷钾生物复合肥）40～45千克/公顷（含硅酸盐细菌2 000万个以上）撒施，一般施后7～10天药害解除，恢复正常生长。

（四）酵素菌

日本岛本觉创造的微生物农业应用法利用酵素菌。酵素菌是由细菌、酵母菌、放线菌三大类，24种有益微生物菌群，将有机物（包括豆饼、鱼渣、棉籽饼、骨粉、作物秸秆、木屑等）、生土、页岩、化肥等进行有氧发酵，生成物与传统发酵不同的是中性、含有大量放线菌，大量使用造土，给植物生长一个良好的生态环境，促根壮苗，彻底解决土传病虫害问题。用酵素发酵液肥灌根，可促根生长，培育壮苗；叶面喷洒酵素发酵液可均衡营养，有效控制病虫害作用。这些发酵物还含有大量生物化感物质（内源激素）。我国已引进酵素菌用于绿色、有机食品生产。

二、植物外源激素

人工合成的外源激素能直接或间接影响植物体内内源激素含量的变化。在人工合成的生长调节物质中，有一类合成物质的分子结构与内源激素的分子结构相同或类似。例如吲哚乙酸（1AA）、吲哚丁酸（1BA）、萘乙酸（NAA）、2,4-D、6-苄基酸氨基嘌呤、乙烯利、脱落酸等。其生理作用大体上起到与它们相类似的内源激素的生理作用。

（1）吲哚乙酸、吲哚丁酸、萘乙酸、2,4-D、2,4,5-涕等类生长素像内源生长素（吲哚乙酸）一样均有促进插枝生根、促进细胞和新枝生长和分化，诱导无子果实等作用。

（2）生物合成赤霉素与植物体内源赤霉素作用基本相同。

（3）化学合成的6-苄基氨基嘌呤、6-（苄基氨基）-9-（2-四氢吡喃）-9H-嘌呤（PBA）与植物体内激动素的生理作用相仿。

（4）合成的乙烯利等是乙烯释放物，一旦进入植物体内便放出乙烯，起催熟、脱叶、早衰等作用，与内源乙烯的作用相同。

（5）合成的脱落酸与植物体内的脱落酸的作用基本相似。

因此，当它们进入植物体内后，就会增加其相应内源激素含量或生理活性。

另一类合成的生长调节物质如矮壮素、比久、助壮素、调节膦、嘧啶醇、抑芽丹等抑制剂与六大类内源激素分子的结构根本不同，它们可以调节某一内源激素的生物合成，从而促进或抑制其内源激素的含量。

①乙烯生物合成调节剂 。乙烯生物合成抑制剂有L-2-氨基-4-己炔酸（AHA）、L-2-氨基-4-反式-己烯酸（ATHA）、甲氧基乙

烯基甘氨酸（MVG）、氨基乙氧基乙烯基甘氨［酸（AVG）、2-氨基-3-羟基丙氧基乙烯基甘氨酸（Rizo-bitoxine）］、a-氨基-γ-氨氧丁酸（L-canaline）、a-氨基乙酸（AOA）、4-羟基-3-甲氧基肉桂酸（FA）、2,4-二硝基酚（DNP）、乙二胺四乙酸、硝酸银、二氯化钴。

乙烯生物合成促进剂有氨基环丙烷羧酸（ACC）、苯异羟肟酸（BHAM）、氯苯异羟酸（CBHAM）、乙烯利。此外，吲哚乙酸、萘乙酸、6-苄基氨基嘌呤、2,4-D、2,4,5-涕等生长调节物质在高浓度下也有促进乙烯生物合成的作用。

②赤霉素生物合成抑制剂有矮壮素、嘧啶醇、5-羟基黄蒿丙烯（Amo-1618）、比久、助壮素、矮形磷（三丁基-2,4-氯苄基）、氯化磷、多效唑等。

③抗生长素生物合成或移动的药剂有乙烯利、调节膦、氯乙醇，2,3,5-三碘苯甲酸、2,5-二氯苯甲醚等。

④抑制或杀死顶端分生组织有抑芽丹（青鲜素）、壬酸甲酯、辛酸甲酯、己酸甲酯、HAN。

第四节　植物生长调节剂的混用

两种或两种以上的植物生长调节剂混用可能出现增效、加合及拮抗作用。

一、增效作用

两种或两种以上植物生长调节剂混用时，其共同作用的生理效果超过了各自作用效果的总和。

赤霉素与生长素混用对木本植物形成层的活性、有些植物的单性结实、某些植物愈伤组织的生长、分化均有增效作用。一些有利于内源激素生存或发挥作用的药剂混用后，也可能有增效作用。如赤霉素10微克/毫升＋增效酮（TA）50微克/毫升，用于稻苗有增效作用；邻苯二酚5微克/毫升与生长素（吲哚乙酸）100微摩尔/升混用对菜豆发根有促进作用；壳梭霉素（FC）10 微摩尔/升和生长素 10 微摩尔/升混用对菜豆发根有促进作用。

二、加合作用

两种或两种以上植物生长调节剂进行混用时，其共同的生理作用等于各自单用生理作用的总和。

赤霉素 10 微克/毫升与生长素（吲哚乙酸）10 微克/毫升混用对豌豆节间切段延长有加合作用；增效酮 50 微克/毫升和赤霉素 10 微克/毫升对细胞伸长有加合作用；银离子（10 微克/毫升）＋二氧化碳（10%）＋氨基乙氧基乙烯基甘氨酸（100 微摩尔/升）对减少叶绿素含量有加合作用。

三、拮抗作用

一种生物调节物质的生理作用可以被另一种或几种生长调节物质的作用所抵消，这种作用称为拮抗作用。

在植物生长发育的许多生理过程中，促进型内源激素的效应可以为内源脱落酸所抵制。所以，人工合成的有利于内源促进型激素含量增加的生长调节物质与人工合成的脱落酸进行混用，也产生拮抗作用。如水稻种子用多效唑处理，因其抑制赤霉素的合成，迫使水稻继续处于休眠状态；如再用益微（增产菌）处理水稻种子或赤霉素处理，水解酶的活性增加，种子便解除休眠，进入萌发状态，从而也证明增产菌代谢产物中赤霉素。植物叶、果的脱落是乙烯、脱落酸与生长素、赤霉素的互相拮抗的结果。如乙烯促进纤维素酶的活性，而浓度生长素对该酶有抑制作用。所以，人工使用可释放乙烯的生长素调节物质便可以促进落叶，如用那些有助于生长素含增加或抑制乙烯合成的生长调节物质则可以防止其落叶、落果。

植物的成熟和衰老与乙烯生物合成有极为密切的关系。有助于乙烯生物合成的生长调节物质可以促进植物的成熟和衰老，某些抑制乙烯生物合成的生物调节物质，亦可以推迟植物或某些器官的成熟和衰老。可见乙烯生物合成的促进剂与抑制剂的生理作用具有拮抗性质。另外，乙烯生物抑制剂氨基氧基乙烯基甘氨酸与脱落酸之间具有拮抗作用。

两种或两种以上生长调节物质混用所产生的拮抗作用在生产上可以人为地控制种子的发芽时间；调节农作物的收获，防止大自然的威胁；拖长果实的采收期。

第五节　植物生长调节物质的混用

（一）有利于促进型内源激素起作用的两种或两种以上植物生长调节物质进行混用时，多半会出现混用后的增效或加合作用；同样有利于抑制型内源激素起作用的生长调节物质行混用，多数情况下也会出现增效或加合作用。

（二）有利于促进型与抑制型内源激素起作用的两种或两种以上植物生长调节物质混用时，常常会出现拮抗的作用。

（三）对植物生长发育某一过程起共同作用的两种或两种上植物生长调节物质混用时，也可能出现增效或加合作用。

（四）一种植物生长调节物质有利于另一种调节物质对内激素起促进作用，则两者混用也会有增效或加合作用。

第六节　植物生长调节剂的使用及问题

一、植物生长调节剂使用中的问题

随着人工合成植物生长调节剂的使用，暴露出的问题越来越多，对农业生产造成的危害日趋严重，许多专家撰写文章谈如何正确使用植物生长调节剂，可农民用不好，药害屡屡发生。其原因：一是人们对植物生长调节剂的认识尚在初级阶段，好比瞎子摸象，还有许多问题并未弄清楚。植物内源激素在植物体内含量甚微，如 7 000～10 000株玉米幼苗顶端只含有 1 微克生长素，1 千克向日葵鲜叶中含有玉米素 5～8 微克。二是所有植物内源激素都不是单独在植物体内起作用的。三是人工合成的外源激素与植物没有亲和性，在严格使用条件下，如使用时期、用量、浓度、环境等表现为一在某个阶段直观是的有效，多次使用严重影响农产品品质和效益，已经成为一大公害。因此，绿色食品、有机食品明确规定禁止使用人工合成的植物生长调节剂。

黑龙江垦区自 20 世纪 70 年代初就开始了多种植物调节剂的试验工作。目前用于生产的有人工合成的外源激素和植物微生态代谢产物——内源激素两大类。人工合成的外源激素能直接或间接影响植物体内内源激素含量的变化，其用量极少，很难控制，用少了无效，用多了抑制作物生长，造成药害。

2,4-D：2,4-D丁酯小于 10 微克/毫升可刺激作物生长，10 微克/毫升即变成除草剂。用 2,4-D 除草，与磺酰脲类除草剂相比，使小麦减产 7%～26%。柑橘花果期受 2,4-D 药害，轻者落花、落果，重者叶片卷曲，甚至引起落叶、死株。番茄受 2,4-D 药害，则表现果实畸形、干裂和黑斑果，叶片变小，卷曲。2,4-D 丁酯飘移危害是目前危害严重的一大公害。

赤霉素：赤霉素过量使用葡萄受药害，使果穗松散、果粒大小不均、裂果，成熟期推迟，果味品质下降。柑橘使用赤霉素防止落花、落果，用量过大使叶变厚、变小、向外卷，裂果、果皮变厚，品质变差。杂交稻花期使用赤霉素，颖壳张开角度过大，开放时间长，且大部分柱头外露，有利授粉，但也有利病害侵入，稻粒黑粉病发生加重。

防落素：辣椒使用不当会造成畸形株，严重矮化，不开花不坐果，萎蔫，甚至死株。

萘乙酸：苹果受药害，轻者落花、落果，重者叶片萎缩，甚至落叶；西瓜受萘乙酸药害时表现为叶片反转，植株萎蔫，甚至死株。葡萄受药害后，出现多果现象，果粒细小，果青粒硬，不易成熟，影响食用价值。

乙烯利：小麦受乙烯利过量的一般表现叶片为发黄、植株变矮，严重时，抽穗困难，形成包颈，影响结实率；西瓜受药害则使西瓜瓤呈现紫红色，有异味，不能食用；山楂受药害可引起落花、落果，严重时可导致落叶。

矮壮素：用于小麦防倒伏，春小麦必须在第二节拔出以前使用，如第二节拔出 10 厘米施药即无效，施药后干旱、无雨，又无灌水条件，小麦生长受抑制，造成严重减产，20 世纪 70 年代垦区用了几年，出现问题即无人再用。棉花对矮壮素比较敏感，如配药浓度过大，用药量过多，就会抑制棉花生长，使棉株过于矮小，通风透光不良，蕾、铃容易脱落，甚至棉铃变成畸形；叶片呈西瓜叶，叶片褶皱，植株过分矮化，桃小。

三碘苯甲酸（TIBA）：用于大豆调节生长，防止倒伏，增粒促熟增产。在美国因受环境、品种影响药效不稳定被淘汰。20 世纪 70 年代黑龙江大学合成，大面积试验示范，药效不稳定，在干旱条件下大豆生长受抑制，明显减产而退出市场。

丰啶醇、生根粉（含引哚丁酸＋萘乙酸）等：用于大豆拌种，使用技术严格，虽有促进大豆幼苗、根系生长作用，在低温、高湿条件下，大豆根腐病加重，幼苗烂根，拌种衣剂亦无效；丰啶醇用量过大会抑制细胞分裂素的活性，抑制幼苗生长，使大豆出现簇叶、轮生叶、无叶柄，植株矮小，根腐烂。

芸薹素内酯、复硝酚钠等：生产试验表现增产不稳定。

三唑类：三唑类激素性杀菌剂发生药害比较普遍，如种衣剂含多效唑、抑霉唑、三唑醇、丙环唑、三唑酮、氯苯嘧啶醇、乙环唑、苄氯三唑醇、烯唑醇等均可降低出苗率、幼苗僵化，抑制地上部分的伸长。如抑制小麦苗的叶、根和胚芽鞘的伸长，如用三唑酮拌种，造成大面积药害，严重的绝产。三唑类喷施水稻等作物叶片短小，严重时不能抽穗；烯唑醇等在水稻抽穗前使用造成大面积不抽穗；西瓜和辣椒使用造成苗期僵苗。多效唑处理水稻秧苗，造成后茬粳稻秧苗僵化；三唑类喷施黄瓜，节间缩短、叶小、瓜短小；喷施梨树发生卷叶症状的药害。

海南省芒果树为了控梢，推广使用多效唑，每颗芒果树用100克灌根，再用400倍液喷2遍，造成大面积芒果树矮小，叶畸形，扭曲，果实稀疏变小、近乎绝产，小树栽不活，已成癌症田。

多效唑在油菜幼苗期使用，对幼苗生长有调控作用，用喷杆喷雾喷洒15%多效唑可湿性粉剂每公顷用250克，飞机喷雾用250～300克，必须喷洒均匀。人工喷雾喷洒不均匀易造成药害。水稻苗床喷雾防恶苗病及加入壮秧剂中与育苗床土混用均易造成药害。

近年来北方水稻苗床使用壮秧剂（壮秧剂含多效唑或烯效唑）含多效唑或烯效唑的量很少，在加工过程中混合不匀或把壮秧剂作肥料使用，用量过多，或混拌不均匀，或用壮秧剂后再用生根粉、生根宝、生根灵等植物生长剂用量过大，造成水稻发生药害。幼苗受药害后表现为叶色浓绿、叶宽、叶片向下弯或徒长，稻苗茎略粗，地下不长新根、根少，貌似壮苗，一般轻者被误认为是壮苗，实际上是弱苗。严重的植株短小、不发根、心叶变黄、变褐、生长点坏死或种子不发芽，造成缺苗。本田在6月中旬至7月初表现药害症状，生长畸形、叶色浓绿、抑制生长，心叶很难抽出，即使抽出来也难展开，不分蘖，根生长受抑制，根变粗、根少、不长新根，重者叶黄，根僵硬，变褐，死亡。

猕猴桃是一个很好的产业，用比久保花、保果，用芸薹素使果实膨大，产量高了，但品质差了，不耐储存。

水果、蔬菜是人工合成植物生长调节剂的重灾区。如苹果、柑橘、桃、梨等个大了，桃核无壳，苹果空心，柑橘不易存放。

目前市场上叶面肥普遍混有人工合成的植物生长调节剂，使用者认为是肥，可以多施，作物常出现激素型的药害症状，用来缓解药害，往往加重药害。

目前还存在一个严重问题，植物生长调节剂和肥料分不清楚，或以植物调节剂冒充肥料，或以肥料冒充植物生长调节剂。如钛、稀土既不是植物所必需的营养元素，又不是植物生长调节剂。叶面肥大多添加人工合成的植物生长调节剂，使用后大豆植株高了，结荚部位提高，产量却低了。

二、植物生长调节剂使用技术问题

植物生长调节剂对农民讲是高科技。技术可分为两类，一类是专家教授能用的，农民也能用的，可在生产上推广使用，如某些脱叶剂、乙烯利等用于水果摘后促早熟等；另一类使用技术复杂，专家教授能用，农民不易掌握就不能在生产上推广使用。总的趋势是蔬菜、果树比大田生产药效稳定。

用好植物生长调节剂要解决 4 个问题：一是植物生长调节剂质量，安全性好；二是使用技术；三是标准的施药器械；四是规范的药械使用技术。目前最多只解决了一个药剂问题。

（一）评价方法问题

许多植物生长调节剂评价方法不规范，导致使用技术不完善。如推荐用量、使用时期和次数的错造，在生产中易造成药害。评价方法要解决的问题：一是喷雾器械要标准，有可调压力的压力表，标准的进口喷嘴；二是重视田间药效试验，室内试验资料仅做参考；三是田间药效试验设计要科学。试验面积每小区不少于 20 米^2，中耕作物至少 5 行区，最好 8 行区，4～5 重复次。用药量评价至少 4 个用药量。安全性评价要有高量的 1～3 倍量、低温或高温田间安全性评价资料。对照药剂要选择相同作用原理或生产中推广产品。影响因素评价：①适宜喷洒条件温度 13～27℃，空气相对湿度 65％以上，风速 4 米/秒以下，②不适宜喷洒条件，温度 27℃以上，空气相对湿度 65％下。喷液量试验：15、30、100、150、200 升（1、2、7、10、14 升/亩）/公顷。高秆作物按浓度设计（每 100 升水加有效成分×××克），计算在标准雾滴（雾滴直径 250～300 微米）喷雾条件下的喷液量。四是田间药效试验喷洒技术要规范。田间药效试验矮秆作物选用人工背负式喷雾器，果树等高秆作物选择人工背负式机动弥雾机。喷雾器械要标准，要求药桶坚固耐腐蚀，有压力表，压力可调，选用进口标准扇形喷嘴。施药前要测试设计喷液量，根据喷液量选择喷嘴型号、压力，测试喷嘴流量、行走速度、准确计算喷液量。施药时定压力、行走速度、喷头距地面高度，人工背负式喷雾器直线行走，不要左右甩动施药。

（二）规范的说明书

产品说明书要求农民照说明书去使用。说明书要有产品通用名称、加工剂型、用量要表明标准单位面积用药量、用倍数要标明 100 升水加多少制剂。使用方法，拌种每 100 千克种子加多少制剂，加多少水，用什么器械和方法混拌。浸种每 100 千克种子加多少制剂，加多少水，浸种多长时间。选择喷雾器械类型、喷液量。适宜喷洒条件。注意事项。药害症状与残留危害等。

（三）植物生长调节剂对施药器械的特殊要求

请参看除草剂的科学使用部分第四节除草剂对施药器械的特殊要求。

第七节　植物生长调节剂的未来

植物生长调节剂发展要调整方向。植物内源激素、化感物质、功能性植物营养剂方向发展，走出单纯合成化合物越纯越好的误区。植物生长调节剂的发展应从综合到综合，回归自然，将中华民族五千年养生文化与现代生命科学相结合，指导开发植物内源激素、化感物质与含有植物内源激素的功能性植物营养剂，适应未来绿色、有机食品、功能性食品生产的发展。

农作物为什么徒长？果树为什么有徒长梢？果树徒长梢必须剪枝？果树徒长梢是因为营养不平衡，营养不平衡影响酶、激素不平衡，使农作物徒长、免疫功能下降，易感病、不抗病，使用人工合成的植物生长调节剂，靶标太集中，会造成新的激素不平衡，就是药害。如杂交稻在生产上问题是穗大粒多，花期长，先开花的籽粒饱满，后开花的籽粒不饱满，甚至秕粒。究其原因是后开花的稻粒吲哚乙酸过多，赤霉素减少。原因是在杂交稻生产中施肥不平衡，导致酶不平衡，激素不平衡。平衡营养是关键。

营养不平衡是因为盲目使用化肥，把化肥当做农作物唯一营养来源，大量不合理使用造成的。忽视了土壤是有生命的，土壤生存着一万多种生物。万物生长以土为本，要给农作物一个强大的根系，是农业生产不断造土、优化土壤生态环境过程。农药和化肥大量使用和不合理使用，不科学的轮作、耕作破坏了土壤和谐的环境，造成养分偏耗，作物营养不良，有益微生物减少，造成土壤板结，地力低下，农作物病虫害增多，作物产量和品质下降，病虫害成为重要的灾害性因素。解决的方法是使用含有植物内源激素的功能性植物营养剂，给农作物生长创造良好的生态环境。造土、平衡植物营养，激发植物潜能，诱导植物抗逆功能，控制农业有害生物的发生为害。

使用功能性植物营养剂，它们一般含有植物内源激素、植物营养剂。如矿物质、氨基酸、酶类（如异黄酮、超氧化歧化酶、过氧化物酶等），可增加土壤微生物的活力，均衡植物营养，诱导植物抗逆性（抗病、抗旱、抗寒、抗盐碱），促根壮苗，加速土壤有机物、矿物质营养及农药分解。能调整土壤功能的功能性植物营养剂有单细胞藻类（如地福来）、甲壳素（如禾生素、禾甲安）、碧护（Vitacat）、生物肥（硅酸盐细菌、磷细菌、固氮菌）、用有益微生物进行有氧发酵有机物（如日本酵素）等。

第十七章 药害与控制

农作物药害是指由气候、环境、施药技术、农业措施、农药本身引起的对所应用作物的伤害。目前生产上常见的有除草剂、植物生长调节剂、种衣剂等引起的药害，尤为突出的是除草剂残留引起的下茬敏感作物药害，减产幅度一般在5%～100%之间。经多年研究、试验、示范和实践得出，科学用药、标准化施药、科学施肥、合理轮作、及时进行病虫草害防治，可有效预防和减轻药害的发生。

第一节 常见药害种类

一、除草剂药害

除草剂药害按作用原理可分为内吸传导型和触杀型的药害；按危害时间可分为当茬除草剂药害和除草剂残留药害；按接触方式可分为残留药害、直接药害、飘移药害和误用药害等。

（一）按作用原理分类

1. 内吸传导型 这类除草剂药害是隐性药害。药害症状一般不明显，常在低温或高湿条件下表现抑制作物生长，叶色浓绿，后遇高温徒长，贪青晚熟，对作物产量和品质影响明显。

这类除草剂有咪唑乙烟酸、甲氧咪草烟、烟嘧磺隆、氯磺隆、甲磺隆、噻吩磺隆、胺苯磺隆、氯嘧磺隆、砜嘧磺隆、甲嘧磺隆、乙草胺、丙草胺、丁草胺、二氯喹啉酸、莠去津、西草净、扑草净、莠灭净、氰草津、磺草酮、2，4-D丁酯、2，4-D二甲胺、2，4-异辛酯、2甲4氯、麦草畏、利谷隆、异丙隆、杀草丹、氟乐灵、地乐胺、莎稗磷、草甘膦、双草醚、嘧啶肟草醚、野燕枯、环庚草醚等。

2. **触杀型药害**　这类除草剂药害是表现型的。药害症状明显，容易辨认。常在高温条件下表现作物叶片有灼烧斑点，叶枯焦，不传导，一般不影响作物生长，对产量和品质影响甚小。但在作物病害严重，或受不良环境影响，作物生长发育不良，施药过早或过晚，在高温条件下药害严重，有的难以恢复，或贪青晚熟而减产。严重时，也可造成绝产。

这类除草剂有氟磺胺草醚、三氟羧草醚、乳氟禾草灵、乙氧氟草醚、甲羧除草醚、乙羧氟草醚、恶草酮、丙炔恶草酮、灭草松、甜菜宁、草铵磷等。

（二）按接触方式分类

1. **残留药害**　长残留除草剂是指除草剂能在土壤中长期残留，一般可达2～3年，长的可达4年以上，但并无除草效果（严重超量使用情况除外），在连作或轮作农田中使用极易造成后茬敏感作物药害，造成减产，甚至绝产。这类除草剂主要有咪唑乙烟酸、氯嘧磺隆、氟磺胺草醚、莠去津、唑嘧磺草胺、胺苯磺隆、莠去津、绿磺隆、异噁草松、烟嘧磺隆、甲磺隆、甲氧咪草烟、二氯吡啶酸等。黑龙江省是除草剂使用大省，每年大豆、玉米等作物使用长残留除草剂面积超过5 000万亩，种植结构调整压力较大，后茬敏感作物存在极大的安全隐患。

（1）水稻。氟磺胺草醚、氯嘧磺隆、咪唑乙烟酸、胺苯磺隆等苗床或本田残留药害。

（2）大豆。前茬玉米田使用莠去津，每公顷有效用量超过2 000克，对后茬多种豆科作物造成药害。大豆对二氯吡啶酸敏感。

（3）麦类。氯嘧磺隆、咪唑乙烟酸、异噁草松等残留药害。

（4）玉米。氟磺胺草醚、氯嘧磺隆、咪唑乙烟酸等残留药害。

（5）洋葱田。氟磺胺草醚、氯嘧磺隆、咪唑乙烟酸等残留药害。

（6）亚麻。莠去津、氯嘧磺隆、咪唑乙烟酸、异噁草松、唑嘧磺草胺、氟磺胺草醚、甲磺隆、烟嘧磺隆等残留药害。

（7）甜菜、油菜。氯嘧磺隆、咪唑乙烟酸、甲氧咪草烟、甲磺隆、绿磺隆、莠去津、异噁草松、唑嘧磺草胺、氟磺胺草醚、胺苯磺隆等残留药害。

（8）马铃薯。氯嘧磺隆、咪唑乙烟酸、甲氧咪草烟、甲磺隆、绿磺隆、莠去津、氟磺胺草醚、胺苯磺隆等残留药害。

（9）其他作物药害。氯嘧磺隆、咪唑乙烟酸、甲氧咪草烟、甲磺隆、绿磺隆、莠去津、异噁草松、唑嘧磺草胺、氟磺胺草醚等造成高粱、谷子、棉花、花生、向日葵、烟草、菜豆（芸豆）、红小豆、马铃薯、苜蓿、西瓜、南瓜、番茄、辣椒、甘蓝、萝卜、胡萝卜、茄子、洋葱、水飞蓟等残留药害。

2. 直接药害　直接药害是指直接使用除草剂或由于除草剂飘移、误用等造成的农作物药害。

二、植物生长调节剂药害

水稻秧田常发生人工合成的植物生长调节剂如多效唑、烯效唑（含在壮秧剂里）、生根粉、生根灵、生根宝（含萘乙酸、吲哚乙酸、吲哚丁酸等），移栽灵里含2，4-D丁酯，移栽到本田后表现出药害。症状为水稻心叶僵硬、筒状、扭曲，不发新叶，或叶片丛生，抑制分蘖，影响产量。

叶面肥中多含有人工合成的植物生长调节剂，其产品标签上不标明调节剂含量和种类，盲目使用易造成调节剂药害。表现症状多为畸形、抑制、不发新叶、多头或丛生等。市售解药害叶面肥中常含有萘乙酸、复硝酚钠等人工合成植物生长调节剂，用量和使用技术很难掌握，使用不当，不但不解药害，还会加重药害。

三、种衣剂药害

目前种衣剂市场品种繁多，质量参差不齐，一些假冒劣质种衣剂充斥市场，药害事件时有发生。

含有克百威、有机磷等杀虫剂，含有三唑类杀菌剂如三唑酮、烯唑醇的大豆种衣剂，在不良环境条件下易发生药害，症状表现为胚轴粗而短，纵裂，出苗率很低。含有萘乙酸、吲哚乙酸、吲哚丁酸、多效唑等人工合成的植物生长调节剂的大豆种衣剂常发生药害，大豆表现节间缩短，叶色浓绿，不生长，表现为典型激素药害症状。部分催芽地区的玉米种子用含有三唑类杀菌剂如烯唑醇、三唑酮的种衣剂后，造成种子拱土能力降低，出苗受抑制。某些玉米品种在不包衣情况下出苗正常，但包衣三唑类药剂戊唑醇后，在播种深度超过 4 厘米，播种后低温、高湿的情况下，也会造成大面积出苗较差的药害表现。

四、杀菌剂药害

常见杀菌剂药害有敌克松在水稻、甜菜苗床药害。甜菜表现为幼苗畸形（两片子叶展开时），类似立枯病，严重的死苗。三唑类杀菌剂拌种对作物出苗有一定抑制。铜制剂叶面喷施，在不良条件下对水稻产生触杀性药害。

第二节　除草剂药害原因分析

一些除草剂在低温、高湿等不良条件下安全性相对较差，常造成作物药害。有的药害为隐性药害，肉眼不易察觉，主要表现抑制作物生长，对产量影响较大。

一、不同种类除草剂药害

（一）酰胺类

这类除草剂在低温、高湿、田间积水条件下常引起大豆、芸豆、红小豆、玉米、甜菜等作物药害。在大豆田乙草胺和速收、嗪草酮、氯嘧磺隆、2，4-D丁酯等混用药害加重，重者可使大豆死苗。在低温条件下，乙草胺用于玉米覆膜田易出现药害。甜玉米及制种田覆膜玉米自交系某些品种对这类药剂敏感，可造成严重药害。丁草胺用在水稻移栽田，在未缓苗、水过深、低温等条件下，水稻生长受抑，贪青晚熟，病害加重，减产。丁草胺及其混剂用水稻旱育秧苗床，遇到低温或覆土过浅，抑制水稻幼苗生长；插秧后水层过深，遇到低温时缓苗慢，抑制分蘖，抑制生长，贪青晚熟，本田再使用丁草胺及其混剂灭草会加重药害。

（二）咪唑啉酮类

咪唑乙烟酸、甲氧咪草烟在大豆苗后早期使用，施后遇低于10℃，持续2天，或在多雨、光照少的条件下出现药害，严重的生长点坏死，可减产50%～70%。

（三）二苯醚类

氟磺胺草醚、三氟羧草醚、乳氟禾草灵等在高温条件下，易对大豆造成触杀性药害；三氟羧草醚、乳氟禾草灵、乙羧氟草醚在大豆真叶期到一片复叶期可对大豆造成严重药害，严重减产或死亡绝产；大豆三片复叶期以后施药过晚，可造成大豆贪青晚熟而减产；氟磺胺草醚在大豆真叶期到一片复叶期，每公顷用有效成分250克以内对大豆安全。

（四）磺酰脲类

噻吩磺隆、氯嘧磺隆在大豆苗后2叶期以后使用不安全。在低温、多雨、病虫为害严重，线虫病严重等条件下，施药后遇低于10℃2天可造成严重药害，甚至绝产。氯嘧磺隆在大豆拱土期至大豆一片复叶展开前使用，大豆敏感，氯嘧磺隆与乙草胺、嗪草酮、氯嘧磺隆、2，4-D等混用药害加重，重者可使大豆全部死亡。

胺苯磺隆在油菜田苗后施药，遇低于10℃持续2天，可造成油菜药害，生长受抑制，根腐病加重，植株矮化而减产。

（五）磺酰胺类

唑嘧磺草胺在大豆苗前施药后遇低温，或土壤有机质含量低于

2%的沙质土、壤质土施后遇中到大雨，对大豆幼苗有药害，10天左右可恢复正常生长。

砜嘧磺隆在玉米苗5叶期后施药，遇低于10℃，持续2天，玉米受害，10～15天恢复正常生长。烟嘧磺隆在玉米苗后3～5叶以期施药，敏感品种表现有药害症状，10～15天恢复正常生长；用量过高、施药期拖后、低温或高温条件下易产生药害。

氯酯磺草胺对大豆安全，施药后遇低于10℃2天，大豆代谢缓慢，叶片有褪绿现象，有时会出现植株矮化现象，15天药害症状消失，不影响大豆产量。

（六）N-苯基酞酰亚胺类

丙炔氟草胺、氟胺草酸等。丙炔氟草胺在大豆拱土期施药，土壤有机质较低的沙质土、壤质土降雨多使用，大豆播后苗前施药后未混土，大豆幼苗期降大雨，易造成触杀性药害，与乙草胺、嗪草酮、氯嘧磺隆、2，4-D丁酯混用药害加重。

（七）三嗪酮类

嗪草酮在大豆播前或播后苗前使用，在用量过大、大豆拱土期施药、低洼高湿地、低温、病虫为害等情况下，大豆易产生药害。在土壤有机质低于2%的沙质土、壤质土以及个别敏感品种使用可造成严重药害，重者死苗；与乙草胺、氯嘧磺隆、2，4-D丁酯混用药害加重。

嗪草酮在玉米田使用，在有机质含量低于2%的土壤播后苗前施药极易产生药害；玉米播后苗前施药后遇大雨，或在有机质含量较高的土壤用药量过高可使玉米受药害，一般不影响出苗，玉米出苗后第4片叶长出后才出现药害症状，严重的整株枯死。玉米单交种制种田，自交系中的父本药害比母本重，常造成父本死亡。嗪草酮与乙草胺混用、覆膜田、制种田、甜玉米药害加重。

氰草津在玉米苗后5叶期以后施药，在低温、多雨条件下对玉米有药害，一般10～15天叶色转绿，恢复正常生长。在有机质含量低于2%的沙质土、壤质土播后苗前施药后遇中到大雨可造成淋溶性药害。

（八）苯氧羧酸类

2，4-D丁酯、2甲4氯为激素类除草剂，只能防治一批阔叶杂草，在低温、多雨、用量过高等条件下易常造成严重药害。2，4-D丁酯在大豆田使用，与乙草胺、嗪草酮等混用，在土壤有机质含量低于2%或沙质土易造成严重药害，减产甚至绝产。

2，4-D丁酯（或异辛酯）、2甲4氯等激素类除草剂对玉米造成的药害。一是玉米品种敏感，玉米对这类除草剂的抗药性在品种间有较大差异，单交种比黏玉米、爆裂玉米抗药，双交种和农家种比单交种抗药。玉米制种田的单交种敏感，黏玉米、爆裂玉米敏感。二是施药时期，施药期早于4叶期或晚于6叶期均敏感，有药害。三是用药量，玉米苗前使用2，4-D丁酯（或异辛酯）用药量过高，易造成药害，特别是在土壤有机质2%以下的壤质土、沙质土，遇低温或降雨，与乙草胺、嗪草酮、扑草净等混用会加重药害。玉米如果播种过早或播后到出苗长时间低温、高湿，会出现低温障碍，再用2，4-D丁酯（或异辛酯）、2甲4氯会加重药害。

水稻苗床使用2，4-D丁酯可使稻苗受害，叶浓绿，不长根，严重抑制生长。本田或直播田使用时期不当或过量使用2，4-D丁酯，会使水稻分蘖增多，植株颜色浓绿，不抽穗，严重影响产量。2甲4氯在水稻孕穗期过量使用易产生药害，严重的不抽穗。

2，4-D丁酯、2甲4氯等在小麦田使用，用量过高或施药过晚，会造成明显药害，穗畸形，病害加重。

（九）取代脲类

利谷隆用于大豆田，施药后遇大雨，可造成淋溶药害，严重的可使大豆死亡。

（十）二硝基苯胺类

氟乐灵用量过大或播种过深，或施药与播种间隔时间过短，或施药后遇低温、高湿等条件下，大豆易受害，可使大豆减产20%～30%，沙质土可致死苗。

氟乐灵用于花生田，在有机质含量低于 2%的沙质土、壤质土，常造成严重药害，重者可绝产。

（十一）三酮类

磺草酮、硝基磺草酮等在玉米苗后使用过量、施药后遇低温或施药过晚，可使玉米受害，一般 7～10 天恢复正常生长。

（十二）喹啉羧酸类

二氯喹啉酸在水稻苗床使用药害症状不明显，药害症状在插秧后隔一段时间才表现出来。在移栽水稻本田使用过量，对水稻有药害，喷洒不均匀易产生药害，表现症状为心叶打卷，不展开，一般减产 5%～15%。

（十三）三氮苯类

西草净用于水稻苗床除草，在温度超过 30℃高温条件下极易产生药害；西草净常与丁草胺在苗床混用，很不安全，遇低温，丁草胺造成水稻秧苗药害，遇高温西草净造成水稻秧苗药害。

（十四）噁二唑酮类

丙炔恶草酮于水稻插前插后施药，在用量过高，插后未缓苗，弱苗，插秧后插秧与施药间隔时间过短，施药后遇低温或井灌水未晒水等条件下易造成药害，稻苗分蘖受抑制，缓苗时间长。

（十五）杂环类

异噁草松大豆苗后用量过高，造成药害，严重减产。在马铃薯苗前使用，用量过大，易产生药害。

野燕枯在小麦田使用，在高温条件下或用药量过高时对小麦有药害，抑制小麦生长发育，轻者 20 天可恢复正常生长，重者小麦茎秆变短，抽穗和成熟期推迟，减产。一般春小麦药害比冬小麦重，硬质小麦比软质小麦重。

环庚草醚在水稻插秧过深或过浅露根条件下，对水稻有药害，一般 7～10 天恢复正常生长；用药量过大，露根严重的抑制生长和分蘖，穗数和穗粒数减少而减产。

二、除草剂飘移药害

一些除草剂挥发性强，极易飘移，常引起敏感作物或林带药害。这类除草剂主要有异噁草松、2，4-D丁酯或异辛酯，其雾滴或蒸气飘移可能导致某些植物受害。施药后田间温度高于15℃以上时，异噁草松气体蒸发到空气中去，随气流移动，可远距离飘移达几千米。另外，稀禾定、精吡氟禾草灵、精喹禾灵、高效吡氟甲禾灵等飘移到临近禾本科作物上会引起药害。

三、其他情况引起的除草剂药害

误喷、喷雾设备除草剂药液残留、拌种过程中混入除草剂等。

第三节　药害预防与缓解

一、药害预防

(一) 科学、合理选购农药

选用经植保部门试验、示范、使用技术成熟的农药品种，熟记常用农药通用名称，掌握包装标签规范要求等知识，分清农药种类，切不可把含有植物生长调节剂的叶面肥当肥使用。对三证号不齐全、带有引导、鼓动性宣传、标签不规范等违反国家有关规定的产品均不能选择使用。

标签规范要求

包装标识上要有：

(1) 农药产品名称。包括中文商品名称和有效成分中文通用名称。

(2) 生产企业名称、地址、电话、传真、邮编。

(3) 三证号全。

①产品批号（标准证号）：由技术监督局备案，进口农药没有。

②农药登记号（PD×××……）或农药临时登记证号（LS××

×……)：由农业部农药检定所颁发，进口与国产农药均必须有。

③农药生产许可证号或农药生产批准文件号（准产证号)：国家经贸委颁发。进口农药没有。

（4）含量、剂型。

（5）农药类型。各类农药标签下方均要有一条与底边平行的、不褪色的标志表示不同农药。其中：杀菌剂——黑色、杀虫剂——红色、除草剂——绿色、杀鼠剂——蓝色、植物生长调节剂——深黄色。

（6）净重量。通常以 kg（千克)、L（升)、g（克)、mL（毫升）表示。

（7）产品性能。

（8）毒性与易燃（红字表示)。

（9）使用说明。包括适用范围、防治对象、适用时期、用药量、使用方法以及限制使用范围等。

（10）生产日期及批号。

（11）有效期限。一般为两年，从生产日期算起；过期农药经省级以上人民政府农业行政主管部门所属的农药检定机构检验，符合标准的在标签上注明“过期农药”字样，有附具使用方法和用量，可以在规定期限内销售。

（12）注意事项。注明该产品中毒症状和急救措施，安全间隔期以及储存、运输的特殊要求。

农药分装的还应注明分装单位。

(二) 科学、安全使用农药

不可随意增加农药使用量，造成药害的同时也增加了环境污染，提高靶标生物抗药性风险。不可随意扩大使用范围，尤其是除草剂。

(三) 严格按照田间施药操作规程，坚持标准作业

详见“第十三章　农药田间喷洒技术”。

(四) 除草剂禁止使用超低量喷雾机 (器)

(五) 参照长残留除草剂安全间隔期，合理安排作物茬口

长残留除草剂安全间隔期见表 17-1。

表 17-1　长残留除草剂施药后种植作物间隔时间表

（单位：月）

除草剂	有效施用量（克/公顷）	大豆	玉米	小麦	大麦	水稻	甜菜	油菜	亚麻	棉花	花生	高粱	谷子	向日葵	马铃薯	豌豆	菜豆	烟草	甘薯	苜蓿	番茄	洋葱	南瓜	西瓜	辣椒	茄子	白菜	萝卜	胡萝卜	甘蓝	甘蔗	黄瓜
咪唑乙烟酸	75	0	12	12	12	24	48	40	48	18	0	24	24	18	36	0	0	12	0	4	40	40	40	40	40	40	40	40	40	40		40
莠去津	＞2 000	24	0	24	24	24	24	24	24	24	24	0	24	24	24	24	24	24	24	24	24	24	24	24	24	24	24	24	24	24	0	24
烟嘧磺隆	60	10	0	8	8	12	18	18	18	10	12	18		18	18	10	18	18	18	12	18	18	18	18	18	18	18	18	18	18		18
氯嘧磺隆	≥15	0	15	15	15	15	48	40	40	40	15	15	15	15	40	0	0	15		24	36	36	36	36	36	36	36	36	36	36		36
异噁草松	＜700	0	9	＜12	＜12	0	9	0	9	0	＜12	9	12	＜12	9	0	0	0	0	＜12	＜12	＜12	0	0	0	＜12	＜12	＜12	＜12	＜12	0	0
	＞700	0	12	16	16	0	9	0	16	0	16	9	16	16	9	0	0	0	0	16	16	16	0	0	0	16	16	16	16	16	0	0
唑嘧磺草胺	48～60	0	0	0	0	6	26	26	26	18	4	12		18	12	12	4	18	4	0	26	26	26	26	26	26	26	26	26	26		26
嗪草酮	350～700	0	0	4	4	8	18	18	12	8	8	12		12	0	10	4	18	18	0	0	18							18		0	
甲氧咪草烟	45	0	9	3	4	9	26	18	18		9	9	12	9	9	9	9	9		9	9	9	9	9	9	9	9		9	9		9
异噁唑草酮	71～170	6	0	4	6	18	10	18	18	18	18	6	18	6	6	18	10	18	18	18	6	18	18	18	18	18	18	18	18	18		18
氟磺胺草醚	250	0	12	4	4	12	12	12	12	12	12	18	18	18	18	12	12	12	12	18	12	12	12	12	12	12	12	12	12	12		12
	375	0	24	4	4	12	24	24	18	12	12	24	24	24	24	12	12	12	12	18	18	18	18	18	18	18	18	18	18	18		18
甲磺隆	＞7.5	22	24	0	0	12	24	24	22			24	24	24	34	22	22	24	24	34	24	24	24	24	24	24	24	24	24	24	0	24
绿磺隆	15	12	24	0	0	12	24	12	0	1					24	12	12				24	24	24	24	24	24	24	24	24	24	0	24
二氯喹啉酸	106～177	4		10		0	24					0			24	24		24		24	24			4	4	24			24			
西玛津	2 240～4 480	24	0	24	24	24	24	24	24	24	24	0	24	24	24	24	24	24	24	24	24	24	24	24	24	24	24	24	24	24	0	24

甲氧咪草烟甜菜：pH≥6.2　18 个月、pH＜6.2　26 个月

烟嘧磺隆甜菜：pH≤7.5　10 个月、pH＞6.5　18 个月

烟嘧磺隆高粱：pH≤7.5　8 个月、pH＞7.5　18 个月

烟嘧磺隆向日葵：pH≤7.5　10 个月、pH＞6.5　18 个月

(六) 选用功能性植物营养剂预防药害

选用功能性植物营养剂如碧护、益护水剂、禾生素等与种衣剂、杀菌剂、杀虫剂等混用，有增效作用，能平衡营养，促进生长，预防药害。

拌种：每 100 千克种子用碧护 5 克＋益护水剂 100～200 毫升与种衣剂混合拌种。

苗床：每 100 米^2 用碧护 1 克＋禾生素（禾甲安）30 毫升喷雾或浇苗床。

灌根：碧护用 20 000～30 000 倍液＋禾生素（禾甲安）1 000～2 000倍液灌根。

喷雾：碧护 30～75 克/公顷＋禾生素（禾甲安）450～750 毫升；碧护 30～75 克/公顷＋益护水剂 300～500 毫升；禾生素（禾甲安）450～750 毫升/公顷＋益护水剂 300～500 毫升，喷雾。矮秆作物用低量，高秆作物用高量。矮秆作物用低量，高秆作物用高量。

二、缓解药害措施

药害、肥害多表现为作物生长受抑制，营养不良，根据多年研究和实践，预防和缓解除草剂药害，选用功能性植物营养剂最有效。功能性植物营养剂一般含有植物营养剂（矿物质、氨基酸）、酶类、植物内源激素等，能均衡作物营养，可激发植物潜能，快速恢复正常生长，它们之间混用有增效作用，见效快。它们所含内源激素是平衡的，与作物有亲和性，对作物安全。

不能选用人工合成的外源激素，及含有这类激素的叶面肥。它们与作物没有亲和性，使用技术严格，用量不好掌握，用量过大会加重药害，是减产赔钱措施。

最佳混配：碧护（VitaCat、0.136％赤・吲乙・芸）与益护水剂（禾甲安、Chitin）、禾生素（禾家安 Chitin）混用有增效作用，见效快（一般 7 天有明显效果），效果好，三混效果更好，对多种病害有预防作用，虫害减少。

1. 水稻苗床缓解药害 每 100 米^2 碧护 2 克＋益护水剂 200 毫升加水 1～2 升，喷雾。

2. 农作物、蔬菜缓解药害 碧护 30～45 克/公顷＋4％禾生素 450～750 毫升/公顷，或碧护 30 克/公顷＋益护水剂 300 毫升，喷雾；三混最好碧护 30～60 克/公顷＋益护水剂 300 毫升＋禾生素 450 毫升。矮秆作物用低量，高秆作物用高量。

也可选用经农业部登记，农业技术推广部门试验示范、使用技术成熟的叶面肥缓解药害。

三、药害损失维权途径和方法

当作物生长出现异常情况，如出现不出苗或苗后叶色浓绿、生长停滞、失绿、斑点、畸形、扭曲、坏死等症状时，应初步判断是病害、肥害、农药引起的药害，还是其他如冻、风等环境因素引起的病理变化，如果难以判断，可请农业技术人员帮助分析。如果判断与农药残留药害有关，就要查找所种植地前 5 年以内除草剂使用情况，确定是否使用长残留除草剂，如果与当茬使用除草剂有关，则要了解自己购买的除草剂是否是合法的产品，厂家是否夸大宣传，或是否是飘移造成的药害。

轻度的药害危害可在植保人员的指导下，采取缓解措施解除药害。药害表现严重时，应及时向所在生产队、农场反映情况，分清责任，需要维权的，要及时向辖区消费者协会、法院提出维权申请，需要法院解决的，由法院委托具有农药药害鉴定资质的部门进行鉴定，如黑龙江省农药司法鉴定所，指派有关专家到现场做鉴定，作为司法维权的重要证据。证据的有效取得的前提是不能错过生产季节，同时要保留双方认可的图片、录音、样品等资料。

图书在版编目（CIP）数据

绿色农业植保技术/关成宏主编．—北京：中国农业出版社，2010.9
ISBN 978-7-109-14910-6

Ⅰ.①绿…　Ⅱ.①关…　Ⅲ.①植物保护—无污染技术　Ⅳ.①S4

中国版本图书馆 CIP 数据核字（2010）第 164775 号

中国农业出版社出版
（北京市朝阳区农展馆北路 2 号）
（邮政编码 100125）
责任编辑　张洪光

中国农业出版社印刷厂印刷　　新华书店北京发行所发行
2010 年 9 月第 1 版　　2010 年 9 月北京第 1 次印刷

开本：880mm×1230mm　1/32　　印张：8.125　　插页：8
字数：209 千字　　印数：1～4 000 册
定价：28.00 元

图1-1　水稻恶苗病（*Fusarium moniliforme* Sheld.）

图1-2　水稻立枯病（*Fusarium graminearum* Schw.）

图1-3　稻瘟病（*Pyricularia oryzae* Cav.）

图1-4　水稻叶鞘腐败病[*Fusarium graminearum* Schw. var. *caricis* (Oud. et Sp.) Wr.]

图1-5　水稻纹枯病（*Rhizoctonia solani* Kühn）

图1-6　水稻胡麻斑病［*Bipolaris oryzae* (Breda de Haan) Shoem. et Jain］

图1-7　水稻负泥虫（*Oulema oryzae* Kuwayama）

图1-8　水稻二化螟（*Chilo supperssalis* Walker）

图1-9　稻螟蛉（*Naranga aenescens* Moore）

图2-1　玉米大斑病［*Exserohilum turcicum* (Pass.) Leonay & Suggs］

图2-2　玉米北方炭疽病［*Aureobasidium zea* (Narita et Hiratsuka) Dingley］

图2-3　玉米茎基腐病［*Pythium aphanidermatum* (Eds.) Fitzp］

图2-4　玉米瘤黑粉病［*Ustilago maydis* (DC.) Corda］

图2-5　玉米螟［*Ostrinia furnacalis* (Guenee)］

图2-6　玉米蚜［*Rhopalosiphum maidis*（Fitch）］

图2-7　斑须蝽引起玉米烂心［*Dolycoris baccarum*(L.)］

图2-8　黏虫为害玉米（*Leucania separata* Walker）

图3-1　大豆胞囊线虫病（*Heterodera glycines* Ichinoche）

图3-2 大豆根腐病［*Fusarium oxysporum* var. *vedolens* (Wouenum) Gerdon］

图3-3 大豆褐纹病（*Septoria glycines* Hemmi）

图3-4 大豆菌核病［*Sclerotinia sclerotiorum* (Lib) de Bary］

图3-5 大豆灰斑病［*Cercosporidium sojinum* (Hara) Liu et Gul］

图3-6 大豆细菌性斑点病［*Pseudomonas syringae* pv.*glycinea* (Coerper) Young, Dye, & Wilkie］

图3-7 大豆羞萎病（*Septogloeum sojae* Yoshii et Nishizawa）

图3-8 大豆霜霉病［*Peronospora manshurica* (Naoun.) Syd.］

图3-9　草地螟（*Loxostege sticticalis* Linnaeus）

图3-10　大豆蚜（*Aphis glycines* Matsumura）

图3-11　朱砂叶螨［*Tetranychus cinnabarinus* (Boisduval)］

图3-12　豆卜馍夜蛾（*Hypena tristali* Lederer）

图3-13　双斑萤叶甲［*Monolepta hieroglyphica* (Motschulsky)］

图3-14　大豆根绒粉蚧（*Eriococcus* sp.）

图4-1　小麦赤霉病（*Fusarium graminearum* Schw.）

图4-2　大麦条纹病［*Drechslera graminea* (Rabenh.) Shoem.］

图4-3　麦蚜［*Sitobion avenae* (F.)］

图5-2　马铃薯早疫病［*Alternaria solani* (Ell. et Mart.) Jones et Grout.］

图5-1　马铃薯晚疫病［*Phytophthora infestans* (Mont.) de Bary］

图5-3　马铃薯黑胫病、马铃薯软腐病［*Erwinia carotovora* subsp. *atroseptica*（van Hall) Dye］

图5-4　马铃薯黑痣病（*Rhizoctonia solani* Kühn）

图5-5 茄二十八星瓢虫［*Henosepilachna vigintioctopunctata* (Fabricius)］

图6-1 甜菜立枯病（*Rhizoctonia solani* Kühn）

图6-2 甜菜褐斑病（*Cercospora beticola* Sacc.）

图6-3 甜菜根腐病［*Fusarium culmorum* (W. C. Smith) Sacc.］

图6-4 甜菜夜蛾［*Spodoptera exigua* (Hübner)］

图6-5 甘蓝夜蛾［*Mamestra brassicae* (Linnaeus)］

图6-6 斑须蝽［*Dolycoris baccarum* (L.)］

图7-1 芸豆炭疽病［*Colletotrichum lindemuthianum* (Sacc.et Magn.) Briosi et Cav.］

图7-2 芸豆细菌性疫病［*Xanthomonas campestris* pv.*phaseoli* (Smith)Dye］

图8-1 南瓜炭疽病［*Colletotrichum orbiculare* (Berk. & Mont.) Arx］

图8-2 南瓜白粉病［*Sphaerotheca fuligenea* (Schlecht)Poll.］

图9-1 向日葵菌核病［*Sclerotinia sclerotiorum* (Lib.) de Bary］

图9-2 向日葵螟（*Homeosoman nebulella* Hühner）

图9-3　白星花金龟（*Liocola brevitarsis* Lewis）

问荆（*Equisetum arvense* L.）

卷茎蓼（*Polygonum convolvulus* L.）

野黍［*Eriochloa villosa* (Thunb.) Kunth］

狼把草（*Bidens tripartita* L.）

鸭跖草（*Commelina communis* L.）

野燕麦（*Avena fatua* Linn.）

刺儿菜［*Cephalanoplos segetum* (Bge.) Kitam.］

柳叶刺蓼（*Polygonum bungeanum* Turcz.）

铁苋菜（*Acalypha australis* L.）

反枝苋（*Amaranthus retroflexus* L.）

马齿苋（*Portulaca oleracea* L.）

繁缕［*Stellaria media* (L.)Cyr.］

鼬瓣花（*Galeopsis bifida* Boenn.）

中国菟丝子（*Cuscuta chinensis*）

藜（*Chenopodium album* L.）

水绵（*Spirogyra crassa*）

长瓣慈姑［*Sagittaria trifolia* L.f. *longlioba* (Turcz.）Mak.］

匍茎剪股颖（*Agrostis stolonifera*）

牛毛毡［*Eleocharis yokoscensis* (Franch. et Sav.)］

稻稗（*Echinochloa oryzicola*）

扁秆藨草（*Scirpus planiculmis* Fr. Schmidt）

雨久花（*Monochoria korsakowii* Regel et Maack）

氟磺胺草醚残留玉米药害

氯嘧磺隆+咪唑乙烟酸残留小麦药害

咪唑乙烟酸残留马铃薯药害

咪唑乙烟酸残留甜菜药害

硝磺·莠去津残留芸豆药害

异噁草松残留小麦药害

异噁草松残留玉米药害

2，4-D丁酯导致水稻药害

大豆拌种时混入除草剂药害

稻思达超量使用水稻药害

2，4-D丁酯苗后施药过晚玉米药害

2，4-D丁酯苗前超量使用玉米药害

低温、超量导致乙草胺+2，4-D丁酯玉米药害

二氯喹啉酸超量使用水稻药害

氟磺胺草醚超量使用大豆药害

扑草净导致水稻药害

扑草净导致水稻药害

莎稗磷苗后甩喷水稻药害

硝磺·莠去津超量使用玉米药害

烟嘧磺隆施药过晚玉米药害

喷药罐残存莠去津导致甜菜药害

2，4-D+腐殖酸叶面肥小麦受害

大豆风害

干旱玉米受害

玉米缺磷

玉米缺钾